"十四五"职业教育国家规划教材

全国高等职业教育系列教材·动画专业

Animate
二维动画制作技术

Animate 2D Animation Production Technology

李京泽　樊月辉｜主编　　高文铭　李迪群｜主审

电子工业出版社

Publishing House of Electronics Industry

北京·BEIJING

内 容 简 介

本教材全面介绍了使用 Animate CC 2019 进行二维动画分析、设计与制作的知识，从最基础的工具讲起，通过小案例引导初学者快速入门。基于 OBE 成果导向的设计理念，本教材的内容采用分层设计：第 1、3、5 章面向以新媒体动画制作作为需求的媒体动画师，采用项目驱动、循序渐进式的过程体验完成讲授与实践；第 2、4、6 章为针对动漫专业的学习内容，面向以角色动画制作作为需求的角色动画师，按照动画制作流程学习角色设计、角色动画、短片创作；每阶段学习成果即下阶段的学习素材，学习节奏紧凑有序，教学过程环环相扣，最终学习成果以广告短片的形式呈现。

本教材适合作为高职高专院校和应用型本科院校动漫等相关专业的教材，也可以作为动画制作人员的参考资料。本教材配套的课件、案例素材等资源，请登录华信教育资源网（www.hxedu.com.cn）注册后免费下载；此外还配置了 15 个项目的重点知识讲解微课视频，请扫描书中二维码浏览学习。

图书在版编目（CIP）数据

Animate 二维动画制作技术 / 李京泽，樊月辉主编 . —北京：电子工业出版社，2020.5
ISBN 978-7-121-37749-5

Ⅰ. ① A… Ⅱ. ①李… ②樊… Ⅲ. ①超文本标记语言－程序设计－高等职业教育－教材 Ⅳ. ① TP312.8

中国版本图书馆 CIP 数据核字（2019）第 240191 号

责任编辑：左　雅
印　　刷：北京缤索印刷有限公司
装　　订：北京缤索印刷有限公司
出版发行：电子工业出版社
　　　　　北京市海淀区万寿路 173 信箱　　　邮编　100036
开　　本：787×1092　1/16　　印张：12.5　　字数：280 千字
版　　次：2020 年 5 月第 1 版
印　　次：2025 年 2 月第 9 次印刷
定　　价：65.00 元

现今的"读图"时代已经将我们带入了一个全数字化的生活模式，而动画这种表现形式无疑将在未来的生活和工作中成为视觉表达的重要方式，成为一种主流的艺术表现方式及信息传递手段。将传统的手绘动画与数字化技术相结合是必然的趋势，Animate 软件长盛不衰的事实证明了，数字化的创作手段会帮助我们在信息传达和视觉表现上变得更加快捷和高效，这也是二维动画工作者进行数字化研究的一项必要工作。

本教材是基于一线教师多年的教学积累和实践总结而逐步形成的一套行之有效、特点突出的课程教学模式编写而成的。教材内容甄选与编排符合高职、应用型本科等层次学生的认知规律，强调了理论总结与实践创作的科学性与可操作性。

本教材由校企合作开发，全书共 6 章。第 1 章是 AN（Animate 的简称）动画入门知识的学习，主要讲解二维动画的应用领域及 AN 动画软件的工作界面。第 2 章在讲解 AN 软件工具、面板等操作的基础上，用项目驱动完成动画前期设计、绘制等方面的学习。第 3 章讲解 AN 基本动画应用，学习 AN 软件中不同动画的制作方法。第 4 章学习角色动画制作技术，解决动画运动规律应用层面的问题，从而使动画生动、形象，符合动画产品的需要。第 5 章汇总前期学习的内容，以新媒体动画的成果形式讲授动画产品设计、制作及发布的过程。第 6 章完成广告短片创作，呈现最终作品（产品）效果。

本教材结合了新型活页式教材设计形式，按照"以学生为中心、以学习成果为导向、促进自主学习"的思路进行开发设计，弱化"教学材料"的特征，强化"学习资料"的功能，构建深度学习者自主学习、自我管理的能力。本教材以企业岗位任职要求、职业标准、工作过程作为主要参考，提供丰富、适用和引领创新作用的多种类型立体化、信息化课程资源，实现教材的多功能并构建深度学习的管理体系，为学习者以后就职打好基础。同时，本教材结合项目驱动、任务式教学方法，按照"新、综、活、实"的要求进行教材改革，突出职业道德培养和职业技能训练。

本教材可以作为高职高专院校和应用型本科院校动漫等相关专业的教材，也适合广大二维动画制作爱好者作为自学用书，还可供动画制作人员参考学习。本书的第1、3、5章由樊月辉老师编写，第2、4、6章由李京泽老师编写。两位编者均为有着多年二维动画一线教学实践经验的双师型教师，是国家精品课、国家资源共享课"二维动画制作"的主讲教师，具备丰富的企业项目开发及指导学生竞赛的经验。长春职业技术学院信息技术分院数字媒体艺术设计系高文铭主任、吉林广播电视台李迪群科长审阅了全书，并提出了许多宝贵意见和建议。本教材配套的课件、案例素材等资源，请登录华信教育资源网（www.hxedu.com.cn）注册后免费下载；此外还配置了15个项目的重点知识讲解微课视频，请扫描书中二维码浏览学习。

由于编者水平有限，本教材难免有疏漏之处，敬请广大读者批评指正，并提出宝贵意见和建议。

编　者

目 录

第1章　AN 动画概述

学习目标：

- 了解动画的分类与基本概念；
- 了解传统动画与制作流程；
- 熟悉 AN 动画及其特点；
- 了解二维动画的应用领域；
- 熟悉 AN 软件的工作界面；
- 能够对制作完成的动画进行发布。

本章导读：

动画是一门综合的艺术，它是集合了绘画、漫画、电影、数字媒体、摄影、音乐、文学等众多艺术门类于一身的艺术表现形式。动画产业的空前活跃，使得各类型的动画如雨后春笋般出现，动画一跃成为新媒体的宠儿，也迎来了新的发展契机。本章从动画的概念入手，阐述了动画的定义及分类、传统动画及制作流程、AN 动画及其特点、二维动画的应用领域，同时介绍了 AN 软件的工作界面及动画发布方法。

1.1　动画定义及分类

1.1.1　动画定义

动画最早发源于 19 世纪上半叶的英国，兴盛于美国，中国动画起源于 20 世纪 20 年代。1892 年 10 月 28 日埃米尔·雷诺首次在巴黎著名的葛莱凡蜡像馆向观众放映光学影戏，标志着动画的正式诞生，同时埃米尔·雷诺也被誉为"动画之父"。

医学已经证明，人眼在看到物像消失后的短暂时间内，仍可将相关的视觉印象保留大约 0.1 秒，因此，如果两个视觉印象之间的间隔不超过 0.1 秒，那么在第一个视觉印象还未消失时，下一个视觉印象已经产生，并与第一个连在一起，这就是"视觉暂留"特性。回想小时候我们玩过的游戏，在一叠纸上按顺序画出人物各个连续动作，然后快速翻动，人物好像动了起来，这种现象即源于人眼的视觉暂留特性。

广义而言，把不活动的东西，经过影片的制作与放映，变成活动的影像，即为动画。动画片与电影、电视一样，都利用了人眼的视觉暂留特性，在一幅画还没有消失前播放下一幅画，就会造成一种流畅的视觉变化效果。因此，电影采用了每秒 24 幅画面的速度拍摄和播放，电视采用了每秒 25 幅（PAL 制，中国电视就采用此制式）或 30 幅（NTSC 制）画面的速度拍摄和播放。如果以每秒低于 24 幅画面的速度拍摄和播放，就会出现停顿现象。

1.1.2　动画分类

动画的分类没有统一的规定。

- 从制作技术和手段来看，动画可以分为以手工绘制为主的传统动画和以计算机制作为主的计算机动画。
- 从空间的视觉效果上看，动画可以分为平面动画和三维动画，平面动画即我们常说的二维动画。

1.2　传统动画

1.2.1　传统动画简介

传统动画，即将一张张逐渐变化的并且能够清楚地反映一个连续动态过程的静止画面，使用摄像机逐张逐帧地拍摄编辑，再通过电视的播放系统，使之在屏幕上活动起来。

1.2.2　传统动画制作流程

传统动画有着一系列的制作工序，可分为总体策划、设计制作、具体创作、后期制作阶段四部分。

第一阶段：总体策划阶段

（1）策划。策划阶段在整个片子的制作过程中至关重要，关系到一部动画片的成功与失败。影片制作负责人、导演、编剧等共同讨论并编写故事大纲，确定影片风格，设计有特点的角色造型，确定作品的制作和放映时间，评估制作费用等。

（2）剧本。剧本是制作动画片的基础，是按照电影文学的写作模式创作的文字剧本，它把出场人物的性格、服饰、台词、动作、剧情以文字的形式表现出来，要求故事严谨、情节具体详细。

第二阶段：设计制作阶段

（1）造型设计。这是一部动画片是否能够吸引观众的重要环节。造型设计的任务包括：角色的标准造型、转面图（通常有正面、侧面、背面等，如图1.1所示）、结构图、比例图（角色与角色的比例图如图1.2所示，还有角色与景物、角色与道具之间的比例）、服饰道具分解图、形体特征说明图（角色所特有的表情和习惯动作）及口型图等。造型设计

图 1.1　角色转面图

关系到影片制作过程中保持角色形象的一致性，对于性格塑造的准确性，动作描绘的合理性都具有指导作用。一部动画片的人物造型一经确定，角色在任何场合下的活动与表演都要保持其特征与形象的统一。

图 1.2 角色与角色的比例图

（2）分镜头脚本。导演确定剧本和人物、道具造型后，按照自己对剧本的研究和构思，将文学剧本所提供的艺术形象和故事情节进行增删取舍，绘制出分镜头脚本，部分画面如图 1.3 所示。镜头依次编号，标明长度，写明各个镜头画面内容、台词、音响效果、音乐及拍摄要求。画面分镜头脚本相当于未来影片的预览，也是动画片的总设计蓝图，是导演用来与全体创作组成员沟通的桥梁，为后序创作提供依据。

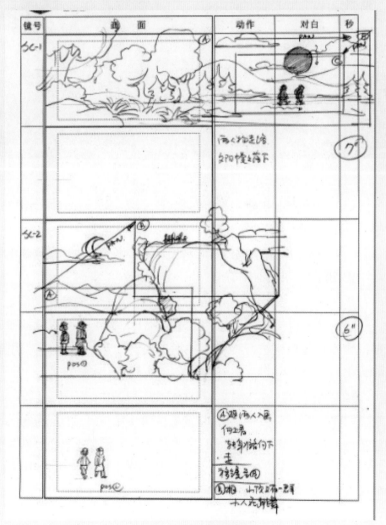

图 1.3 部分手绘分镜图

第三阶段：具体创作阶段

（1）场景设计。场景设计是根据剧本内容和导演构思创作的动画片场景设计稿，包括影片中各个主场景的色彩气氛图、平面坐标图、立体鸟瞰图和景物结构分解图。它提供给导演镜头调度，运动主体调度，视点、视距、视角的选择，以及画面构图，景物透视关系，光影变化，空间想象的依据，同时也是镜头画面设计和背景绘制的直接参考，起到控制和约束整体美术风格，保证叙事合理性和情景动作准确性的作用。动画片的美术风格在很大程度上是依靠场景设计来体现的。如图 1.4 所示为动画中的场景效果。

图 1.4　场景效果图片

（2）原画。镜头中的人物或动物、道具的关键动作的绘制要交给原画师，原画师将这些人物、动物等角色的每一个动作效果的关键瞬间画面绘制出来。

（3）中间画。中间画由动画师负责完成，动画师是原画师的助手，其任务是将原画师画的关键动作间的中间动作补齐，使角色的动作连贯。

（4）修型。对绘制完的中间画进行查错修改，以保证动作的准确性。

第四阶段：后期制作阶段

后期制作阶段可以说是对影片的再创作，它的每道工序都影响着影片的最终效果。

（1）计算机描线、上色、合成、输出。将清理过的原画和动画线稿按层次顺序通过扫描仪输入计算机中进行描线并按指定颜色上色，将上色好的画稿按照摄影表排好，检查好输出。

（2）剪辑。剪接、合成人员先要会同导演按照分镜头剧本的次序进行全片的剪辑工作，经过初剪，去掉多余的画格，把分散的镜头按符号顺序连接起来。然后再根据导演的要求反复精剪，力求使画面连续流畅，节奏鲜明，达到最理想的效果。

（3）配音。配音演员塑造各个角色的声音，并使其与角色融为一体。配音一般需要专门的录音室，在导演的监督下进行。

（4）影片输出。按照镜头的顺序将所有镜头合在一起，形成最终的影片。

1.3　AN 动画

1.3.1　AN 动画简介

Animate CC 由原 Adobe Flash Professional CC 更名得来，2015 年 12 月 2 日，Adobe 宣布 Flash Professional 更名为 Animate CC，在支持 Flash SWF 文件的基础上，加入了对 HTML5 的支持，并在 2016 年 1 月发布新版本时，正式将其更名为 Adobe Animate CC，缩写为 AN。目前 Adobe Animate CC 2019 为市场最新版本。

用 AN 制作的动画也称为计算机二维动画，无论画面的立体感有多强，终究只是在二维空间上模拟真实的三维空间效果，通过输入和编辑关键帧，自动计算和生成中间帧，最终实现画面与声音的同步。计算机制作的二维动画是对手工传统动画的一个改进，计算机的加入使动画的制作变简单了，虽然对于不同的人来说，动画的创作过程和方法可能有所不同，但其基本规律是一致的。

1.3.2　AN 动画特点

AN 动画之所以被广泛应用，与其自身的特点是密不可分的。

（1）从动画组成来看：AN 动画主要由矢量图形组成，矢量图形具有存储容量小，缩放时不会失真的优点，这就使得观众在缩放播放窗口时不会影响 AN 动画画面的清晰度。

（2）从动画发布来看：在导出动画的过程中，程序会压缩、优化动画组成元素，这就进一步减少了动画的存储容量，更方便在网络上传输。

（3）从动画播放来看：发布后的影片具有"流"媒体的特点，可以在网络上边下载边播放，用户体验效果好。

（4）从交互性来看：可以通过为 AN 动画添加脚本使其具有交互性，这是传统动画所无法比拟的。

（5）从制作手法来看：AN 动画制作方法比较简单，动画爱好者只要具备一定的软件知识，拥有一台计算机和一套软件就可以制作出来。

（6）从制作成本来看：用 AN 制作的动画可以大幅度降低制作成本，同时，其制作时间也比传统动画大大缩短了。

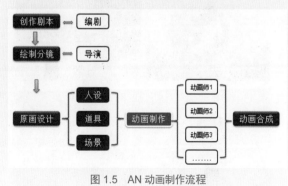

图 1.5　AN 动画制作流程

1.3.3　AN 动画制作流程

AN 动画制作流程如图 1.5 所示。

1.4 AN 动画应用领域

如今，AN 动画的应用越来越广泛，从原来的单一网络动画逐步扩展到手机、电视、电影等众多领域，人们在家看电视、上网，以及出门在公交地铁上都能经常看到利用 AN 制作的二维动画片或广告，其播放频率越来越高，甚至超过了真人拍摄的视频。

1.4.1 网络领域

为达到一定的视觉冲击力，很多企业网站往往在进入主页前播放一段使用 AN 软件制作的欢迎页；此外，很多网站的 Logo 和 Banner 都是 AN 动画，如图 1.6 所示为缤客旅游网站的 AN 动画 Banner。当需要制作一些交互功能较强的调查类网站时，可以使用 AN 制作整个网站，以达到更强的互动效果。

图 1.6 网站 Banner

图 1.7 《福彩》电视广告

1.4.2 影视领域

由于 AN 动画大幅降低了动画的制作成本，因此深受影视行业的欢迎。如图 1.7 所示为电视上播放的简短的半分钟的《福彩》广告，用 AN 软件就可以很方便地制作出来。

1.4.3　音乐领域

许多网友都喜欢把自己制作的 AN 音乐动画发布到网络上供其他网友欣赏，实际上，也正是因为这些网络动画的流行，使得用 AN 软件制作歌曲背景在网络上形成了一种文化，如图 1.8 所示为《月影七绝刀》MV 动画的画面。

图 1.8　《月影七绝刀》MV 动画

1.4.4　游戏领域

由于 AN 动画能够实现强大的交互功能，因此使它在游戏领域也占有一席之地，比如如图 1.9 所示的贪吃蛇游戏，以及看图识字游戏、棋牌类游戏等。因为 AN 游戏具有体积小的优点，一些手机厂商已在手机中嵌入 AN 游戏。

图 1.9　贪吃蛇游戏界面

1.4.5　教学领域

由于 AN 动画较好的画面效果，使得很多教学微课中都嵌入了 AN 动画，使课堂内容表现形式更丰富，效果更加生动。如图 1.10 所示为脑力激荡法微课教学中嵌入的 AN 动画。

图 1.10　微课中嵌入的 AN 动画

1.5 AN 软件的工作界面

1.5.1 创建 AN 文件

打开 Animate CC 2019 软件，首先看到的是如图 1.11 所示的软件初始界面，可以看到 AN 软件为我们提供了常见的角色动画、社交、游戏、教育、广告等各类动画的预设尺寸。选定其中一种尺寸或在右侧的详细信息中输入宽和高数值后，单击右下角的"创建"按钮，即可进入到 AN 工作界面中。

图 1.11　AN 软件初始界面

1.5.2 AN 工作界面介绍

AN 的工作界面由菜单栏、编辑栏、工作区、舞台、工具栏、属性面板、时间轴面板等组成，如图 1.12 所示。

图 1.12　AN 工作界面

1.5.3　菜单栏

AN 的菜单栏共有 11 个菜单，每个菜单又有多个子命令，如图 1.13 所示，使用这些命令，可以完成如新建文件、保存文件、调试影片等操作。

图 1.13　菜单栏

1.5.4　编辑栏

编辑栏用于实现编辑场景、编辑元件及缩放舞台等操作，如图 1.14 所示。

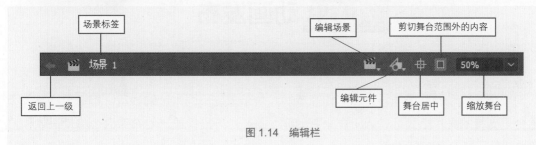

图 1.14　编辑栏

1.5.5　舞台和工作区

在 AN 软件中，舞台是创建动画时放置对象的矩形区域，即工作界面中的白色区域。舞台外侧黑色的部分即工作区。需要注意的是，舞台上显示的内容总是当前选择帧中的内容，只有舞台内的对象才能够作为影片被打印或输出，放置在工作区部分的对象在输出时是不能被显示的。

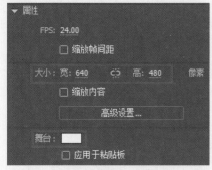

图 1.15 改变舞台大小和背景颜色

若想更改舞台的大小，需要在如图 1.15 所示的属性面板中上框所示的位置重新设置舞台的宽和高数值；若想更改舞台的背景颜色，需要在图 1.15 中下框所示的位置设置颜色。

1.5.6 面板

用鼠标按住面板名称，可将各面板拖动出来变成浮动面板。在制作动画时，如果面板摆放混乱想快速还原至初始状态，可单击菜单栏右侧的"基本功能"下拉按钮，在弹出的下拉菜单中选择"重置'基本功能'"命令，如图 1.16 所示，将窗口界面快速还原。

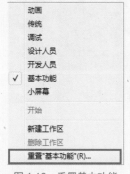

图 1.16 重置基本功能

☆ 提示

按【F4】键可以隐藏工具箱及所有显示的面板，再次按【F4】键可又全部显示。

1.6 动画发布

对任何一个动画作品来说，在制作完成后，为了适应不同平台的播放，都需要将其发布成平台可支持的文件格式。在 AN 软件中，可以通过"导出"或"发布"命令将动画制作成需要的图像、影片或视频格式。

图 1.17 导出动画菜单

1.6.1 导出动画

通过选择"文件"→"导出"菜单命令，在弹出的菜单中可以选择各种文件导出格式，如图 1.17 所示。其中，"导出图像"可以导出为 GIF、JPG 和 PNG 格式，"导出影片"可以导出为 SWF 影片、JPEG 序列、GIF 序列和 PNG 序列，"导出视频"可以将动画文件输出为 MOV 格式。

☆ 提示

在导出影片时，若选择 SWF 格式，则相当于按【Ctrl+Enter】快捷键生成动画发布文件；若按【Ctrl+Alt+Enter】快捷键，则执行的是测试场景而非发布场的操作。

1.6.2　发布动画

　　一些动画文件也可通过"文件"→"发布设置"菜单命令进行输出，打开"发布设置"对话框，如图 1.18 所示。设置好所需参数后，单击"发布"按钮，即可将动画发布成对应的格式。其中，"HTML 包装器"输出的是网页格式动画，需要用 IE 等浏览器播放；"Win 放映文件"输出的是 EXE 格式的可执行文件，可以跨平台播放。

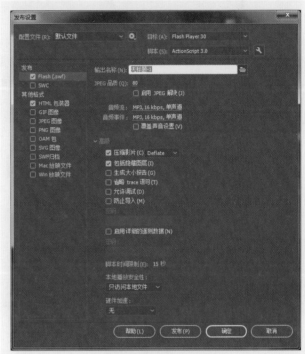

图 1.18　"发布设置"对话框

1.7　本章小结

　　本章介绍的是 AN 动画入门知识，主要介绍了动画定义及分类、传统动画简介与制作流程、AN 动画概念及特点，以及 AN 动画应用领域，同时，介绍了 AN 软件的工作界面及动画的发布方法，为后面进一步学习进行铺垫。

第2章　AN 绘画技法

学习目标：

- 熟练掌握 AN 工具的基础操作；
- 熟练掌握时间轴窗口的使用；
- 熟悉帧与图层的概念；
- 掌握元件、实例与库的概念及使用；
- 能够绘制 AN 动画中的道具、场景及角色。

本章导读：

　　能够进行角色、道具与场景的绘制是学习动画制作的前提。本章从 AN 软件的工具使用入手，逐步学习各种工具的使用方法，利用各种工具进行角色、道具及场景的绘制，掌握时间轴窗口的组成与使用，以及帧、图层、元件、实例、库的相关知识。

2.1　AN 工具

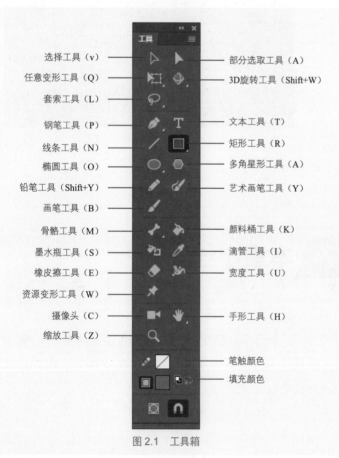

图2.1　工具箱

　　位于 AN 工作界面右边的长条形面板就是工具箱，如图 2.1 所示。工具箱是 AN 中最常用的一个面板，单击各工具图标即可选中其中的工具，如果工具图标的右下角有一个黑色小三角形，则表明其中有隐藏工具。要显示隐藏工具，可以在此工具的图标上按住鼠标左键片刻，即可显示出该组的隐藏工具。

　　工具箱中各工具的作用介绍如下。

2.1.1　选择工具

选择工具用于选择、移动、复制和调整对象。在工具箱中单击选中选择工具后，将鼠标指针移动到想要选择的对象上，单击可选择对象。在选中状态时，将鼠标指针移动到对象上，鼠标指针变成 时，可以拖动鼠标移动对象，若在拖动的同时按住【Alt】键，则可在移动的同时复制对象；在未选中状态时，将鼠标指针移动到对象边线处，鼠标指针变成 时，可以调整对象的形状，此时若在按住【Alt】键的同时拖动鼠标，则可将形状变为尖角效果。如图 2.2 所示为用选择工具进行对象操作时的状态。

2.1.2　部分选取工具

部分选取工具用于显示绘制对象的路径或路径上的锚点，并可对锚点进行调节。如图 2.3 所示为部分选取工具调整对象时的状态。

2.1.3　任意变形工具 和渐变变形工具

任意变形工具用于对对象进行变形操作。对对象进行变形操作前，需要先选中该对象。用任意变形工具选择对象时，被选中对象的周围会出现一个变形框，将鼠标指针靠近控制点，鼠标指针会变为相应操作的形状，如图 2.4 所示。

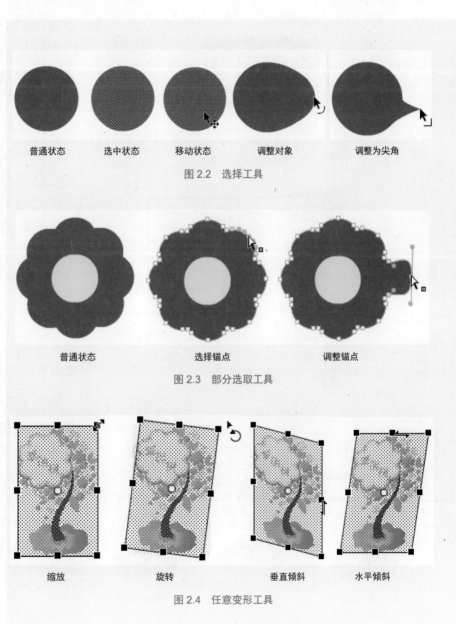

普通状态　　选中状态　　移动状态　　调整对象　　调整为尖角

图 2.2　选择工具

普通状态　　　　选择锚点　　　　调整锚点

图 2.3　部分选取工具

缩放　　　　旋转　　　　垂直倾斜　　　水平倾斜

图 2.4　任意变形工具

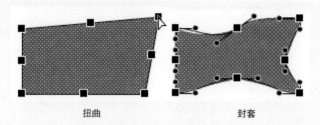

扭曲　　　　　　　　封套

图 2.5　扭曲和封套工具

在任意变形工具的选项区还有扭曲⬚和封套◎两个工具，这两个工具只能针对形状对象进行操作，如图 2.5 所示。

任意变形工具组中的另外一个工具是渐变变形工具。渐变变形工具用于对所选对象的填充效果进行调整。当用渐变变形工具选择对象后，对象周围会出现若干个控制点，可分别对图形的填充效果进行缩放、旋转等操作，如图 2.6 所示。

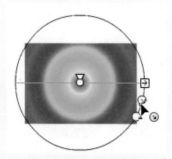

图 2.6　渐变变形工具

2.1.4　3D 旋转工具⬤和 3D 平移工具⬤

3D 旋转工具用来在三维空间旋转影片剪辑实例，3D 平移工具用来在三维空间移动影片剪辑实例。其中，X 轴为红色，Y 轴为绿色，Z 轴为蓝色，自由移动为橙色，操作时，只需将鼠标放置在相应轴上，按住鼠标左键拖动即可，如图 2.7 所示。

3D 旋转工具　　　　　3D 平移工具

图 2.7　3D 旋转工具和 3D 平移工具

2.1.5　套索工具⬤、多边形工具⬤和魔术棒⬤

套索工具、多边形工具和魔术棒用于选择任意区域的全部或部分对象。套索工具用于选择任意绘制区域的对象，多边形工具用于选择鼠标绘制的多边形区域，魔术棒工具用于选取具有相同或相近颜色的位图区域，各种工具选取效果如图 2.8 所示。

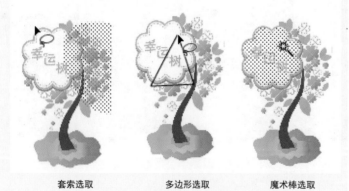

套索选取　　　　多边形选取　　　　魔术棒选取

图 2.8　套索工具、多边形工具和魔术棒选取效果

2.1.6　钢笔工具组

钢笔工具组用来绘制直线、曲线或闭合图形，其中包括添加锚点工具、删除锚点工具和转换锚点工具。

（1）绘制直线。用钢笔工具在起始位置单击，创建一个锚点，然后将光标移至另一个位置继续单击，增加一个锚点，即可绘制一段直线。若想结束当前直线的绘制，可按住【Ctrl】或【Alt】键的同时在路径外任意位置单击，如图 2.9 所示。

（2）绘制曲线。用钢笔工具在起始位置单击，创建一个锚点。创建第二个锚点时，按住鼠标左键不放直接拖动鼠标，会出现调节柄，调节线条弧度至满意后，释放鼠标，即可创建一条曲线，如图 2.10 所示。

（3）创建闭合路径。将钢笔工具移至曲线起点处，此时钢笔工具右下角将显示一个小圆圈，如图 2.11 左图所示，此时单击即可得到闭合的曲线路径，如图 2.11 右图所示。

（4）添加 / 删除锚点。用添加 / 删除锚点工具在线段上需要添加或删除锚点的位置单击，即可添加 / 删除锚点，如图 2.12 所示。

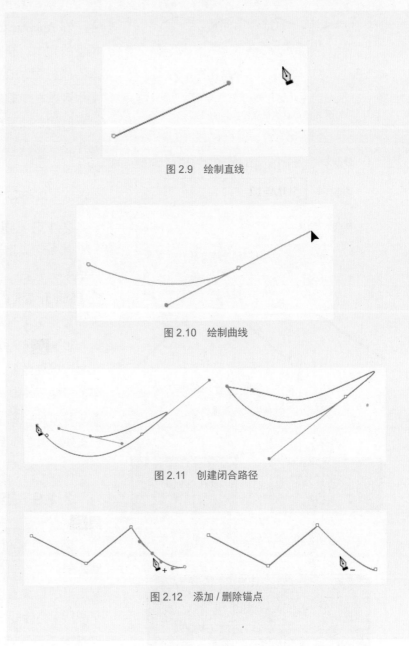

图 2.9　绘制直线

图 2.10　绘制曲线

图 2.11　创建闭合路径

图 2.12　添加 / 删除锚点

（5）转换锚点工具。用转换锚点工具在直线的锚点处拖动，即可将直线锚点转换为带调节柄的曲线锚点，若在曲线锚点上单击，则可将曲线锚点转换为直线锚点。如图 2.13 所示为将直线锚点转换为曲线锚点后绘制的心形。

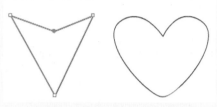

图 2.13　直线锚点转换为曲线锚点

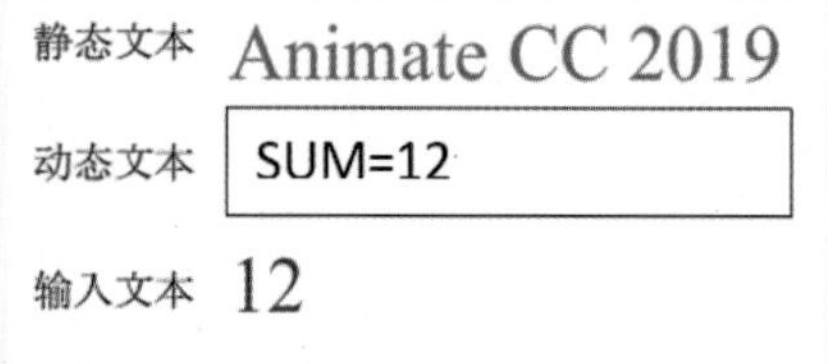

图 2.14　文本工具的三种效果

矢量线条　　　对象绘制　　　贴紧至对象

图 2.15　线条工具的各种状态

图 2.16　矩形和基本矩形工具

图 2.17　基本矩形工具的属性面板

2.1.7　文本工具 T

文本工具用于输入和设置动画中的文字，在 Animate CC 2019 中，可以设置三种类型的文本：静态文本、动态文本和输入文本。静态文本即不能动态更新的文本；动态文本可以在代码的控制下实时更新，如动态显示时间、股票报价等；输入文本即用户在制作交互动画时，可以将想要表达的内容直接输入进去，如留言板等。文本工具的三种显示效果如图 2.14 所示。

2.1.8　线条工具

线条工具用于绘制不同角度的直线，选择线条工具后，直接拖动鼠标即可绘制。按住【Shift】键时，可以绘制 45°角的直线。选择线条工具时，在工具箱的选项区有对象绘制工具 和贴紧至对象工具 。对象绘制工具可以使绘制出的线条成为一个独立的对象，以便于将其与其他对象分开；贴紧至对象工具可使绘制的两个矢量线条端点在相近位置处自动重合。线条工具的各种状态如图 2.15 所示。

2.1.9　矩形工具 和基本矩形工具

矩形工具和基本矩形工具都可用于绘制矩形，其绘制方法是相同的，只需要在绘制矩形的位置直接拖动鼠标即可。如图 2.16 左图所示为用矩形工具绘制的矩形，右图为用基本矩形工具绘制的矩形。将两个图形都选中后可以看出，用基本矩形绘制的图形四角会有控制点，此时，在如图 2.17 所

示的属性面板中可以继续对矩形进行调整，例如绘制如图 2.18 所示的不规则图形。

图 2.18　用基本矩形工具绘制的不规则图形

☆ 提示

若想继续编辑用基本矩形工具绘制的图形，需要按【Ctrl+B】快捷键将其分离为普通形状才可以。

2.1.10　椭圆工具◯和基本椭圆工具◯

椭圆工具和基本椭圆工具可以用来绘制各种圆形，其使用方法与矩形工具和基本矩形工具基本相同，故不再详细讲解。如图 2.19 所示为用椭圆和基本椭圆工具绘制的图形。

2.1.11　多角星形工具⬡

多角星形工具用来绘制多边形和星形。选择多角星形工具后，在属性面板中单击"选项"按钮，弹出如图 2.20 所示的"工具设置"对话框，在"样式"下拉列表中可以选择样式为"多边形"或"星形"，并可设置多边形或星形的边数及顶点大小，如图 2.21 所示为绘制的六边形及立体五角星。

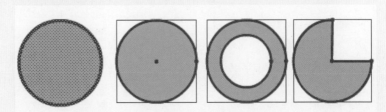

图 2.19　椭圆和基本椭圆工具绘制的图形

图 2.20　多角星形的"工具设置"对话框

图 2.21　六边形和立体五角星

2.1.12　铅笔工具✏

使用铅笔工具可以绘制和编辑自由线段。选择铅笔工具后，在工具箱底部可以设置如图 2.22 所示的三种不同的绘画模式，各绘画模式功能介绍如下。

- 伸直：绘制的曲线会根据绘制的方式自动调整为平直的线段，如图 2.23 左图所示。
- 平滑：所绘制的曲线会被自动平滑处理，这是动画绘制中的首选设置，如图 2.23 中间图所示。
- 墨水：所绘制的线条接近于手绘，如图 2.23 右图所示。

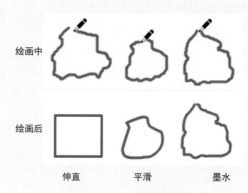

绘画中

绘画后

伸直　　　　平滑　　　　墨水

图 2.23　铅笔工具绘画效果

伸直
平滑
墨水

图 2.22　铅笔工具的三种绘画模式

2.1.13　艺术画笔工具✒和画笔工具🖌

使用艺术画笔工具可沿路径绘制一个矢量图案，然后将其拉伸至需要的长度。系统默认提供一组艺术画笔预设，可将它们直接用在你的 Animate 项目中。在工具面板中选定画笔工具后，即可在属性面板的"画笔库"🖌中访问这些预设，如图 2.24 所示为用艺术画笔工具绘制的图案。

图 2.24　艺术画笔工具

画笔工具用于创建具有书法效果的图形，用户可以在属性面板中设置画笔形状（如图 2.25 左图所示）、模式及大小，以改变绘图效果，如图 2.25 右图所示为用画笔工具绘制的图形。

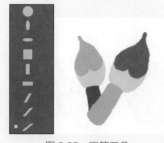

图 2.25　画笔工具

☆ 提示

画笔工具笔刷的大小可以进行快速缩放，利用【 [】键可缩小笔刷，利用【] 】键可放大笔刷。艺术画笔工具的属性面板有一个"绘制为填充色"的选项，利用该选项可将画笔生成的形状设置为笔触或填充区域。

2.1.14　骨骼工具🦴和绑定工具⊙

使用骨骼工具可以实现反向运动（IK），这是一种通过骨骼为对象添加动画效果的方式，这些骨骼按父级子级关系链接成线性或枝状的骨架。当一个骨骼移动时，与其连接的骨骼也发生相应的移动。可以向影片剪辑、图形和按钮实例添加 IK 骨骼，如图 2.26 所示即为虫子添加的骨骼效果。

作为骨骼工具下属工具的绑定工具，是针对于骨骼工具为单一图形添加骨骼而使用的。使用绑定工具选择骨骼点一端，选中的骨骼呈红色，按住鼠标左键向需绑定的控制点移动，控制点为黄色，拖动过程中会显示一条黄色的线段。当骨骼点与控制点连接后，就完成了绑定连接的操作，如图 2.27 所示。可以用单一的骨骼绑定单一的端点，此时端点呈方块显示；也可以用多个骨骼绑定单一的端点，此时端点呈三角显示。

图 2.26　为虫子添加骨骼

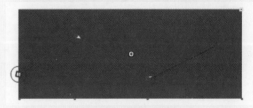

图 2.27　绑定工具

2.1.15　颜料桶工具

颜料桶工具用于给选定对象填充颜色或修改所选对象的填充效果，包含纯色填充、线性填充、径向填充和位图填充四种形式，如图 2.28 所示。

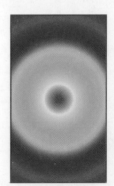
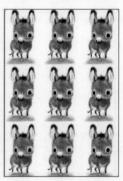

纯色填充　　　　　　线性填充　　　　　　径向填充　　　　　　位图填充

图 2.28　颜料桶工具填充效果

☆ 提示

在用颜料桶工具进行填色时，有时会出现颜色无法填充的情况，这是由于 AN 要求填充的图形必须是完全闭合的，因此若遇到无法填充而又无法找到断点时，可在颜料桶工具的选项区找到"间隔大小"按钮，从弹出的菜单中选择"封闭大空隙"命令，再次填充即可。

图 2.29　墨水瓶工具应用示例

2.1.16　墨水瓶工具

墨水瓶工具用于为对象添加轮廓线或改变轮廓线的填充效果，使用时，只需用墨水瓶工具在对象上需描边处或需改变效果处单击即可。如图 2.29 所示为使用墨水瓶工具改变边线后的效果。

2.1.17　滴管工具

滴管工具用于吸取对象的填充颜色或轮廓线颜色。当用滴管工具在轮廓线上单击时，将获取对象线条的颜色、粗细和样式等属性，并自动转换成墨水瓶工具；当用滴管工具在填充区域单击时，将获取对象的填充属性并自动转换为颜料桶工具。如图 2.30 所示为用滴管工具吸取颜色并填充后的效果。

图 2.30　滴管工具吸取颜色并填充

2.1.18　橡皮擦工具

橡皮擦工具用于擦除对象。在橡皮擦工具选项区，共有如图 2.31 所示五种擦除模式。

图 2.31　橡皮擦工具擦除模式

- 标准擦除：橡皮擦经过的轮廓线和填充色均被擦除。
- 擦除填色：只擦除填充内容，不擦除轮廓线。
- 擦除线条：只擦除线条，不擦除填充色。
- 擦除所选填充：当图形有选中区域时，只擦除选中区域部分的轮廓线和填充色。

- 内部擦除：只擦除填充色，但该模式必须从填充区域内部向外擦除才有效。

以上各种擦除效果如图 2.32 所示。

原图

标准擦除

擦除填色

擦除线条

擦除所选填充

内部擦除

图 2.32　橡皮擦工具擦除效果

2.1.19 宽度工具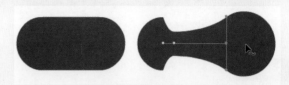

使用宽度工具可以为笔触添加可变宽度。将宽度工具悬停在笔触上时，会显示宽度点数和宽度手柄，选定点数后，向外拖动宽度手柄即可对笔触进行调整。如图 2.33 所示，左图为绘制高度为 88 的笔触，右图为利用宽度工具调整后的笔触。

图 2.33 宽度工具应用

☆ 提示

若想复制宽度点数，则可将鼠标悬停在笔触上，选择想要复制的宽度点数，然后按住【Alt】键并沿笔触拖动宽度点数，即可复制选中的宽度点数。

2.1.20 资源变形工具

利用资源变形工具，可以快速扭转和扭曲矢量对象的某些部分，使变形看起来更自然。其使用方法十分简单，用资源变形工具在矢量图形需要变换的关节处添加变形点，然后拖动鼠标调整即可。如图 2.34 所示为利用资源变形工具调整对象的效果。

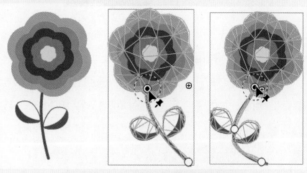

图 2.34 用资源变形工具调整矢量图形

2.1.21 摄像头工具

使用摄像头工具可以模拟虚拟摄像头的运动。在摄像头视图下播放动画时，动画效果会像透过摄像头查看的效果一样。对摄像头图层也可以添加补间或关键帧，从而实现镜头的运动动画。如图 2.35 所示为利用摄像头工具制作的推镜头动画。

2.1.22 手形工具

选择手形工具，按住鼠标左键拖动即可移动舞台中对象的显示范围。

☆ 提示

在任意一个工具下，按空格键均可快速切换至手形工具。

图 2.35 摄像头工具应用示例

2.1.23 缩放工具

缩放工具可以缩放舞台的显示比例，以便于编辑或操作。在缩放工具的选项区有放大和缩小两个按钮，当选择后，在舞台上单击，可以放大舞台的显示比例；选择后，在舞台上单击，则可以缩小舞台的显示比例。

☆ 提示

在放大状态下，按住【Alt】键可切换至缩小状态，反之亦然。同时放大也可按【Ctrl+ “+”】快捷键来实现，缩小可通过【Ctrl+ “-”】快捷键来实现。

2.2 时间轴应用

2.2.1 时间轴面板

在 AN 软件中，动画的制作是通过时间轴面板来进行的，这是动画制作时必不可少的窗口，可通过“窗口”→“时间轴”菜单命令，或按【Ctrl+Alt+T】快捷键隐藏或显示时间轴面板。时间轴面板如图 2.36 所示，其中，面板左侧为图层操作区，右侧为帧操作区。图层操作区主要用于创建、显示、隐藏及删除图层，也可以创建图层文件夹，用来整理图层，如图 2.37 所示；帧操作区用来添加和编辑各种动画制作所需要的帧，如图 2.38 所示。

图 2.36　时间轴面板

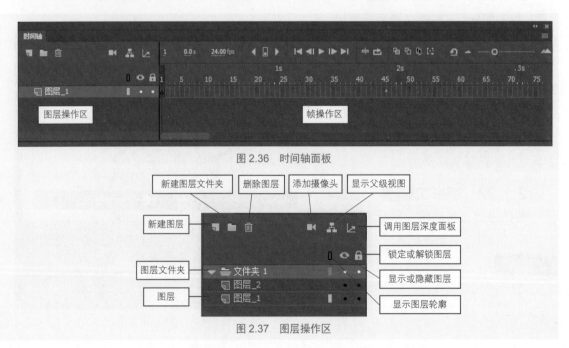

图 2.37　图层操作区

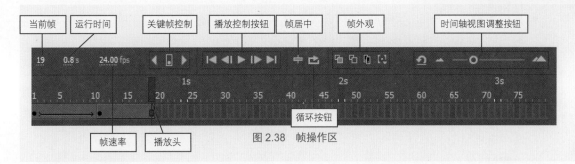

图 2.38　帧操作区

2.2.2　帧

一段动画是由一幅幅静态的连续的图片所组成的，其中，每一幅静态图片称为一帧。一个个连续的帧快速切换就形成了一段动画。帧是动画中最小的时间单位。从时间轴窗口来看，其中的每一个小格即为一帧。制作动画的过程也就是对各个帧进行操作的过程。

1. 帧频

fps（frame per second，帧频），即动画播放的速度，表示每秒播放的帧数，在前面我们提到过的电影每秒播放 24 幅画面和电视每秒播放 25 幅画面指的就是帧频。AN 中默认帧频为 24fps。

2. 帧的分类

Animate CC 2019 把帧分为五种，关键帧、空白关键帧、普通帧、属性关键帧与过渡帧，如图 2.39 所示。

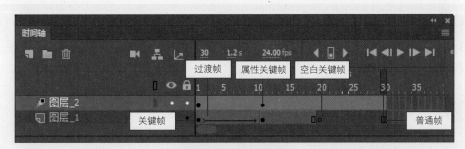

图 2.39　动画中的帧

- 关键帧：包含内容的帧，是动画中可以编辑的帧，在时间轴中以黑圆点显示。插入关键帧的快捷键是【F6】。如果时间轴上前一个关键帧中包含内容，则在后面插入关键帧后，新创建的关键帧会自动复制前一关键帧的内容，且该帧的内容是可以编辑的。

- 空白关键帧：不包含任何内容的帧，当把关键帧中的内容删除后，关键帧就变成了空白关键帧，在时间轴中以空心圆圈显示。插入空白关键帧的快捷键是【F7】。

- 普通帧：在时间轴上对前一个关键帧的内容能够继续显示，但不能编辑的帧。普通帧只起到延长动画播放时间的作用，在时间轴中以空白的方格显示。插入普通帧的快捷键是【F5】。

- 属性关键帧：补间动画专用的帧，其作用就是对补间动画中的对象的各种属性进行控制，在时间轴中以菱形显示◆。制作动画时，如果播放头所处位置没有属性关键帧，可直接在舞台中调整对象的属性，则会自动在当前位置添加属性关键帧。
- 过渡帧：动画制作过程中自动产生的，位于两个关键帧之间。不同类型的动画其过渡帧的表现形式也不同，如传统补间动画的过渡帧为紫色，形状补间动画的过渡帧为棕黄色。

3.选择帧

选择帧是对帧进行各项操作的前提，选择帧的方法有以下几种。

- 选择单帧：在要选择的帧上单击鼠标即可。
- 选择相邻多帧：选择第一个帧后，按住【Shift】键的同时单击另一个帧，即可选中同一图层两帧之间的连续帧或相邻图层的连续多帧。
- 选择不相邻多帧：选择第一个帧后，按住【Ctrl】键的同时依次单击选中其余帧，即可选中不相邻的多帧。

4.编辑帧

选择帧后，在选中的帧上单击鼠标右键，在弹出的快捷菜单中可以对帧进行相关编辑操作。常用的帧编辑命令如下。

- 删除帧：删除当前选中的帧，后续帧依次前移。
- 剪切帧：剪切选中的帧。
- 复制帧：复制选中的帧，快捷键为【Ctrl+Alt+C】。
- 粘贴帧：将被剪切或复制的帧粘贴到当前位置，快捷键为【Ctrl+Alt+V】。
- 翻转帧：将选择范围内的首尾两个关键帧翻转。

☆ 提示

如果当前选中的帧为关键帧，则只需要用清除关键帧命令将其删除。

2.2.3 图层

图层就像是一些叠加在一起的透明纸张，每张纸上都可以进行独立的绘制，上层绘制的内容会遮挡住下层的内容，各层相互叠加在一起，就可以形成一幅完整的画面。在动画制作时，可分别对每层单独进行操作，并不影响其他层。

☆ 提示

·创建新图层后，会自动在当前图层的上方新建一个图层。
·按住鼠标拖动图层可以调整图层的显示顺序。
·双击图层名称所在位置，可以为当前图层重命名。

2.3 元件、实例和库

2.3.1 元件

元件是动画中可重复使用的对象，由于在播放动画时，元件无论被应用了多少次，只需要下载一次即可保证整个动画能够流畅播放，因此，合理运用元件，可以使文件所占用的存储空间更小，下载、播放时更流畅。

1. 元件的类型

AN 中的元件分为三种类型：图形元件、影片剪辑元件和按钮元件。

- 图形元件 ：常用于保存静态的图形或图像。图形元件中也有和主场景中一样的时间轴，可以制作动画，但其动画效果受主场景中帧数的影响，只有主场景中设置了大于或等于图形元件中的帧数，动画才能完整播放至少一遍。图形元件如图 2.40 所示。

图 2.40　图形元件

- 影片剪辑元件 ：其本身即为一段小动画，具有独立的时间轴，当场景动画播放时，影片剪辑元件中的动画也在自动播放，可以利用脚本对动画播放进行控制，且影片剪辑元件在主场景中只需要一帧就能够正常播放，还可以在属性面板中为影片剪辑元件设置滤镜。影片剪辑元件如图 2.41 所示。

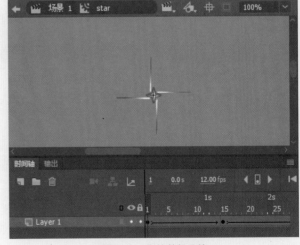

图 2.41　影片剪辑元件

图 2.42　按钮元件

图 2.43　"创建新元件"对话框

图 2.44　"转换为元件"对话框

- 按钮元件 ：在制作动画交互时使用，如播放按钮、停止按钮等，常需要与 ActionScript 脚本配合使用，其时间轴只有四帧——弹起、指针经过、按下和点击，代表了按钮在感知鼠标时的四个状态。按钮元件如图 2.42 所示。

2. 创建元件

若舞台中没有任何对象时，可执行"插入"→"新建元件"菜单命令，或按【Ctrl+F8】快捷键，即可弹出如图 2.43 所示的"创建新元件"对话框，输入元件的名称，选择元件的类型，单击"确定"按钮即可。

若舞台中已绘制好对象，需要将其转换为元件时，可执行"修改"→"转换为元件"菜单命令，或按【F8】快捷键，即可弹出如图 2.44 所示的"转换为元件"对话框，输入元件的名称，选择元件的类型，单击"确定"按钮即可。需注意的是，在"转换为元件"对话框中，可以在"对齐"处直接设置元件的中心点。

☆ 提示

转换为元件与新建元件的不同之处在于，将图形转换为元件后，在舞台上就会存在该元件；而用新建元件所制作出来的元件会存放于库面板中，使用时需要将其从库中拖曳到舞台上。

3. 编辑元件

在动画制作过程中，随时需要对元件进行再次编辑，以达到满意的效果。在 AN 中，编辑元件的方法有以下两种。

- 方法一：在舞台上直接双击想要编辑的元件。
- 方法二：从库面板中选中要编辑的元件并双击鼠标。

以上两种方法都能进入到元件的编辑窗口，其不同之处在于，从舞台上双击进入时，仍能够看到舞台中的其他对象，如图 2.45 左图所示，这样便于调整元件的位置；而从库面板中进入元件时，则不会显示舞台内容，如图 2.45 右图所示。

图 2.45　元件编辑状态对比

☆ 提示

选中要编辑的元件后，可以按【Ctrl+E】快捷键直接进入元件的编辑窗口。

4. 交换元件

在属性面板中，单击实例名称后面的"交换"按钮，如图 2.46 左图所示，弹出如图 2.46 右图所示的对话框，选择要替换的元件名称，单击"确定"按钮，即可替换当前的元件。

图 2.46　交换元件

2.3.2　实例

将一个元件拖曳到舞台上后，舞台上的对象就称为该元件的一个实例。由于元件可以被反复使用，因此，一个元件可以创建多个实例，每个实例均独立存在，都具有该元件的属性，并且可在原属性的基础上做进一步修改。但若元件被更改时，则所有应用该元件的实例都会被更改。

1. 更改实例类型

单击选中舞台中的一个实例后，在如图 2.47 所示的属性面板上可以更改实例的类型，此时元件的类型并不发生改变。

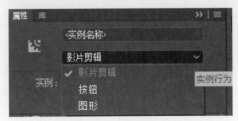

图 2.47　更改实例类型

图 2.48　更改花朵实例色彩效果属性

2. 更改实例的色彩效果属性

在属性面板的"色彩效果"属性区域可以调整实例的亮度、色调、高级和 Alpha 属性，如图 2.48 所示为分别将花朵调整了亮度、色调及透明度后的色彩变化。

- 亮度：调整实例的明暗程度。
- 色调：调整实例的颜色及色彩浓度。
- 高级：同时调整实例的亮度、色调及 Alpha 属性。
- Alpha：调整实例的透明度。

3. 更改实例的混合模式属性

混合模式只有当实例为按钮或影片剪辑时才可用，选中一个实例后，在属性面板的"显示"属性区域中可设置实例的混合模式。下面简单介绍各混合模式的作用。

- 一般：正常显示的颜色，不与基准颜色发生交互。
- 图层：将各个影片剪辑层叠，但对颜色没有影响。
- 变暗：比混合色亮的像素被替换，比混合色暗的像素保持不变，即将基本颜色与混合色中较暗的颜色作为结果色。
- 正片叠底：查看每个通道中的颜色信息，将原稿的基本颜色与混合色复合，将复合后较暗的颜色作为结果色。任何颜色与黑色复合产生黑色，任何颜色与白色复合则颜色保持不变。
- 变亮：比混合色暗的像素被替换，比混合色亮的像素保持不变，即将基本颜色与混合色中较亮的颜色作为结果色。
- 滤色：将混合颜色的互补色与基色复合，从而产生漂白的效果。
- 叠加：把基本颜色与混合色相混合从而产生一种中间色。基本颜色中比混合色暗的颜色，会将两个颜色叠加作为结果色；比混合色亮的颜色将使混合色被遮盖，而图像内的高亮部分和阴影部分保持不变。因此，对黑色和白色着色时，叠加模式不起作用。
- 强光：产生一种类似点光照射的效果。如果混合色比基本颜色的像素更亮一些，那么结果色将更亮；如果混合色比基本颜色的像素更暗一些，那么结果色将更暗。
- 增加：通常用于在两个图像之间创建动画的变亮分解效果。
- 减去：通常用于在两个图像之间创建动画的变暗分解效果。
- 差值：将图像中基本颜色的亮度值减去混合色的亮度值，如果结果为负，则取正值，产生反相效果，类似于彩色底片。
- 反相：反转基准颜色。
- Alpha：应用 Alpha 遮罩层。
- 擦除：删除所有基准颜色像素，包括背景图像中的基准颜色像素。

4. 更改实例的滤镜属性

影片剪辑、按钮及文字实例均可在属性面板中为其添加滤镜效果。AN 提供了投影、模糊、发光、斜角、渐变发光、渐变斜角、调整颜色七种滤镜，如图 2.49 所示，各滤镜效果可以叠加使用。

- 投影：为实例添加投影效果。
- 模糊：为实例添加不同程度的模糊效果。
- 发光：为实例添加发光效果。
- 斜角：为实例添加立体效果。
- 渐变发光：为实例添加渐变发光效果，与发光滤镜不同之处在于其发光颜色为渐变，并可灵活控制渐变效果。
- 渐变斜角：用渐变来定义斜角的阴影与高光处的颜色，为实例添加渐变斜角效果。
- 调整颜色：改变实例的色彩。

| 投影 |
| 模糊 |
| 发光 |
| 斜角 |
| 渐变发光 |
| 渐变斜角 |
| 调整颜色 |
| 删除全部 |
| 启用全部 |
| 禁用全部 |

图 2.49　滤镜

☆ 提示

若要断开元件与实例的关系，只需要选中该实例，然后按【Ctrl+B】快捷键分离即可。

2.3.3　库

AN 提供了库面板，如图 2.50 所示，用来存放用户导入的各种外部文件及在动画制作过程中创建的元件。可通过"窗口"→"库"菜单命令调用库面板，或通过【Ctrl+L】快捷键进行打开或关闭库面板的操作。

☆ 提示

在库面板的菜单中，有一个"选择未用项目"命令，在用户制作完动画后，选择该命令可以一次性选择库面板中所有未使用的元件或外部文件。

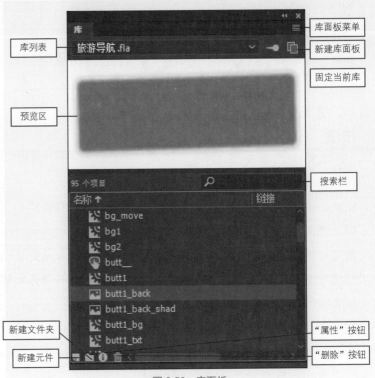

图 2.50　库面板

2.4 项目一：《福彩》道具——礼品盒绘制

礼品盒绘制重点知识讲解

2.4.1 项目介绍

所谓道具，是指演出戏剧或电影拍摄所用到的器具，它们在一部戏或一部电影中扮演着非常重要的角色。在动漫产品设计与制作过程中，无论是游戏还是动画片，都不能缺少道具的存在，每种道具都起着相应的作用。不同风格的动画设计出来的道具风格也不同，这是动画片在前期设计确定风格时所决定的。

2.4.2 道具绘制技法

AN 是二维动画软件，所制作的作品是平面的，但是在一个动画片中，道具不可能只有一个角度呈现在观众面前，一般情况下道具也如角色一般会以几个角度呈现不同的姿态，这样才能避免视觉上的重复性。有些道具在场景中只有一种状态，不会产生任何形状或者

我想学到什么

不能忘的关键词

我要得到什么

坚持做完才有收获

□ **成果打卡**

DAY

功能的变化，而有些道具在场景中会和画面中的角色产生互动，如图 2.51 所示。

图 2.51　不同状态与转面的道具

2.4.3　项目实战

本项目将要完成的是广告短片《福彩》中的一个道具——礼品盒的绘制，礼品盒需在镜头中完成从天而降的效果，其动画效果中需要该道具的三种状态，分别是被挤压、正常和被拉伸后的盒子状态，如图 2.52 所示。在动画制作时，需要绘制该盒子三种状态，因篇幅有限，本项目仅详细介绍盒子的正常状态的绘制步骤。

图 2.52　不同状态的礼品盒

Step 01 打开 AN 软件，在新建文档引导页上选择"角色动画"，在预设中选中"1280×720"像素的高清格式，创建一个新的文档，如图 2.53 所示。

图 2.53　新建文档

Step 02 使用直线工具，绘制盒子的轮廓。按【N】键，在属性面板中设置笔触大小为"0.7"。在舞台中间绘制一条黑色、高为"180.00"的竖直线，*X* 轴坐标为"500.00"，*Y* 轴坐标为"220.00"。按【Ctrl+Alt+Shift+R】快捷键打开标尺，拖出参考线将这条直线分成四段。此时，舞台的显示比例为"200%"，如图 2.54 所示。

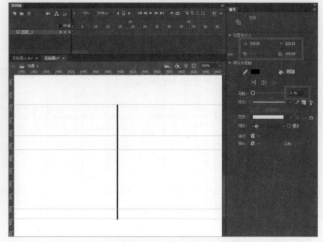

图 2.54　绘制直线

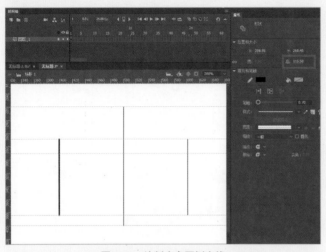

图 2.55　绘制盒身两侧直线

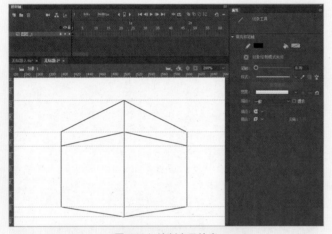

图 2.56　绘制盒子轮廓

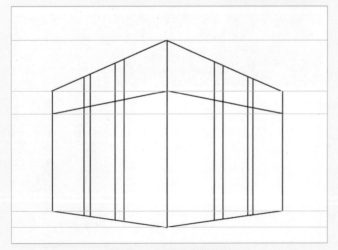

图 2.57　绘制盒身彩带轮廓

Step 03 在距离这条直线的两侧各 100 像素的位置再分别绘制两条竖直线，线高为"115.50"，如图 5.55 所示。

Step 04 使用直线工具连接这三条线，绘制盒子的大致轮廓，效果如图 2.56 所示。

☆ 提示

打开贴紧至对象工具 🔘，可以使线条接口处闭合，便于填充颜色。

Step 05 绘制盒身上的彩带轮廓，注意近大远小的透视关系，效果如图 2.57 所示。

Step06 按【Ctrl+;】快捷键，隐藏参考线，再次检查线条的接口处，以及清理多余线条，如图 2.58 所示。

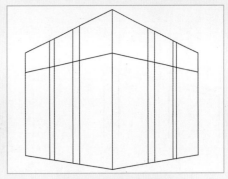

图 2.58　封闭线条接口处

Step07 编辑修改盒盖部分。按住【Shift】键的同时，依次加选盒盖上的线条，直至线条被全部选中，如图 2.59 所示。

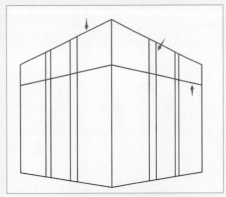

图 2.59　选择盒盖线条

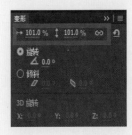

Step08 按【Ctrl+T】快捷键，打开变形面板，打开约束开关，在缩放输入框中输入"101.0%"，按【Enter】键确认，即可按比例放大盒盖。接着再按【Ctrl+T】快捷键，关闭变形面板。然后按小键盘的向上箭头，将盒盖上移 10 像素，使盒盖和盒身分离，效果如图 2.60 所示。

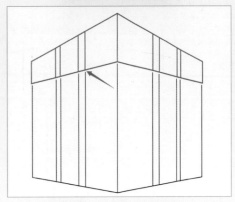

图 2.60　将盒盖与盒身分离

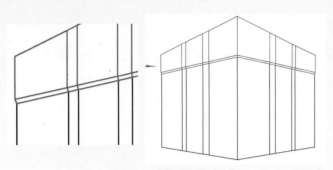

图 2.61　连接盒盖与盒身

图 2.62　绘制彩带轮廓

图 2.63　绘制彩带形状

图 2.64　绘制彩带细节部分

图 2.65　连接彩带与盒子

Step09 先用直线工具封闭盒身，再用直线工具绘制盒盖与盒身的连接处。效果如图 2.61 所示。

Step10 接下来绘制彩带，首先用直线工具勾勒彩带轮廓，效果如图 2.62 所示。

Step11 再用选择工具的变形功能将直线拉出弧度，效果如图 2.63 所示。

Step12 用直线工具为彩带划分不同颜色区域，效果如图 2.64 所示。

Step13 最后将彩带放置在盒子上方，分析交叉的线条中哪些部分是被遮挡住的，将其删掉即可。再次检查保留的部分是否都已闭合。效果如图 2.65 所示。

Step14 为盒子填色。盒身左侧面的颜色值为 #87BE0D，右侧面的颜色值为 #78AA00，比左侧面的绿色稍深一点，明暗有对比才能产生立体的效果。盒盖左侧面的颜色值为 #729601，右侧面的颜色值为 #618901。填充效果如图 2.66 所示。

图 2.66　盒身填色

Step15 为盒盖的下沿填色，深绿色的颜色值为 #436700。填充效果如图 2.67 所示。

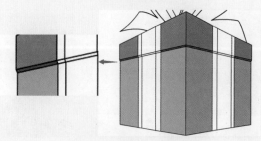

图 2.67　盒盖下沿填色

Step16 为盒身上的彩带填色，彩带中间红色的颜色值为 #FF5E00，黄色边的颜色值为 #FFE135；盒盖下沿的颜色略暗，盒盖下沿的彩带中间红色的颜色值为 #8A2B00，黄色边的颜色值为 #A58400。填充效果如图 2.68 所示。

图 2.68　盒盖与盒身及细节填色

Step17 为盒盖上面的彩带填充渐变色。在颜色面板中编辑渐变色左侧色块的颜色值为 #FF5D00，右侧色块的颜色值为 #FFCAAC，填充后调整渐变色的方向及辐射宽度。注意：这两个区域在绘画时不是闭合区域，需要先添加辅助线使所填区域闭合。填充效果如图 2.69 所示。

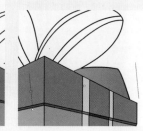

图 2.69　彩带填色（1）

图 2.70　彩带填色（2）

Step 18 接着用上一步调整出来的渐变颜色填充到彩带中间蝴蝶结的中间区域，填充效果如图 2.70 所示。

图 2.71　彩带填色（3）

Step 19 彩带中间蝴蝶结的黄色边也是渐变色，左侧色块的颜色值为 #FED700，右侧色块的颜色值为 #FEF0A1，填充后调整渐变色的方向及辐射宽度。填充效果如图 2.71 所示。

图 2.72　蝴蝶结填色

Step 20 最后填充蝴蝶结里面的颜色，渐变色左侧色块的颜色值为 #A54300，右侧色块的颜色为 #E97300，填充后调整渐变色的方向及辐射宽度。填充效果如图 2.72 所示。

Step 21 双击礼品盒上的所有线框，按【Delete】键删除。礼品盒的最终效果如图 2.73 所示。

图 2.73　礼品盒最终效果

Step22 新增图层 2，在该层绘制盒子前面的奖牌，按【Ctrl+B】快捷键，把"奖"字打散成图形，如图 2.74 所示。

图 2.74　绘制奖牌

Step23 缩放奖牌，使之与礼品盒的大小相适应，再用扭曲和缩放工具进行调整，效果如图 2.75 所示。

图 2.75　调整奖牌与礼品盒大小相适应

Step24 礼品盒的正常状态制作完毕，在后续的动画制作中，动画师需要完成它被挤压和拉伸的状态，读者可以尝试用选择工具的变形功能来制作。礼品盒不同状态的效果如图 2.76 所示。

图 2.76　调整礼品盒不同状态

2.5 项目二：《福彩》背景——室外背景绘制

室外背景绘制重点知识讲解

2.5.1 项目介绍

谈到背景的绘制，首先要说到场景这个概念。对于 AN 动画制作者来说，场景设计是与其工作内容息息相关的领域，了解并学习场景设计，对动画制作者知识面的扩展是很有帮助的。场景设计对制作动画、调度角色也起到重要作用。动画中的世界是包罗万象的，动画中的场景是直接呈现给观众的画面，它可以是动态的一段动画，也可以是静态的一帧，它包括背景、角色、道具、时间、空间等多种元素。

场景中的"场"有两个含义，一种是适应某种需要的地方，即空间概念；另一种是戏剧电影中较小的段落，即时间概念。"景"是景物的意思，即空间概念。背景是指后面的、衬托的景物，它是空间的概念。场景是有空间和时间概念的，而背景只有空间概念，它与场景属于从属关系。

我想学到什么

不能忘的关键词

我要得到什么

坚持做完才有收获

成果打卡

DAY

背景是在动画中呈现在观众视线中的空间环境，为动画角色的表演提供了充分的舞台，使观众在观赏过程中，了解故事发生和发展的时间、地点、环境，对影片有更加深刻的理解和感受，对影片的叙事产生更强烈的共鸣感。

2.5.2 背景绘制技法

动画作品的背景绘制软件常用的有 PS、AI、AN 等。PS 是可利用数位板绘制背景图的软件，一般应用在对画面要求较高的动画作品中；AI 是专业矢量绘图软件，当场景中各元件造型较复杂、线条形状变化较大时使用；使用 AN 软件时，可导入草图设计稿，在 AN 中用绘图工具直接描绘成矢量背景图，也可直接绘制矢量图形作为背景，绘制时要学会运用色彩变化来表现物体的立体感、体积感及层次感。下面介绍如何在 AN 中绘制有立体感的物体。

我们知道，若没有光的照射，大部分物体是不能被人们看见的，正是由于光照射在物体上，被物体反射和折射，以及在不同介质上表现出来的不同性质，所以产生了色彩及其明暗变化。物体的明暗层次可概括为三个大面（受光面、侧光面和背光面），细分可概括为五大调子（高光、中间调子、明暗交接线、反光和投影），它们以一定的色阶关系联结成一个统一的明暗变化的基本规律，俗称"三面五调"，它是塑造物体立体感的主要法则，也是表现物体质感、量感和空间感的重要手段，如图 2.77 所示。

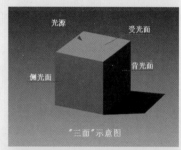

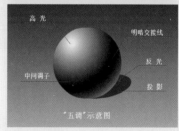

图 2.77 "三面五调"图示

物体表现的色彩属性正好和"三面五调"对应，高光部分直接反映光的色彩感觉，因此和高光对应的色彩属性是光源色；中间调子受到条件色的干扰较少，因此是固有色最集中的区域；明暗交接线是一个转折区域，感觉是在固有色的基础上加暗；反光直接反映周围的环境色变化；投影因为直接投影在环境部分，因此是环境色的加深。

在 AN 中绘制有立体感的物体的一般步骤如下：

（1）画好物体的基本轮廓，平涂固有色；

（2）根据光源的位置确定物体的三个面：亮面、灰面和暗面；

（3）在固有色的基础上将颜色调亮、调暗，分别填充在物体的亮部、暗部和投影处。

这样，物体的立体感和体积感便出来了。如图 2.78 所示为一个警钟的绘制过程。

图 2.78 警钟绘制过程

图 2.79 室外背景效果图

图 2.80 新建文档

2.5.3 项目实战

本项目所绘制的背景是广告短片《福彩》中的一个室外背景，效果如图 2.79 所示。

Step01 打开 AN 软件，在新建文档引导页上选择"角色动画"，在预设中选中"1280×720"像素的高清格式，创建一个新的文档，如图 2.80 所示。

Step02 将图层 1 重命名为"蓝天"。在该层使用矩形工具绘制一个矩形，宽为"1300"，高为"550"。居于舞台靠上，占据舞台的三分之二。打开颜色面板，编辑填充渐变色，颜色定义条左侧色块的颜色值为"#209AEF"，右侧色块的颜色值为"#ACEAF9"，使用渐变变形工具，将渐变方向设置成由上至下，如图 2.81 所示。按【Ctrl+G】快捷键将该层图形组合。

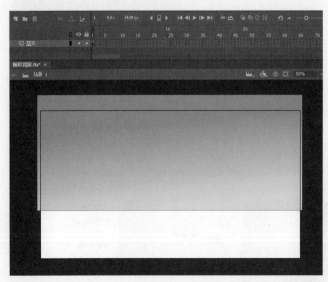

图 2.81 绘制天空

Step03 新增图层，命名为"白云"，用直线和椭圆工具完成白云绘制。打开颜色面板，编辑填充渐变色，颜色定义条左侧色块的颜色值为"#D2EDFE"，右侧色块的颜色值为"#FFFFFF"（Alpha 值为"0"），使用渐变变形工具，将渐变方向设置成从上至下，如图 2.82 所示。

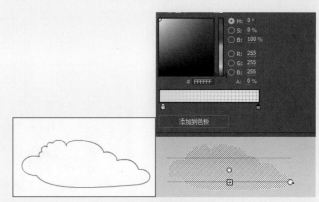

图 2.82　绘制白云

Step04 在背景中再另外复制三朵白云，大小不一，渐变颜色的辐射宽度也各有不同，使得呈现不同形态的云朵。按【Ctrl+G】快捷键将该层图形组合。白云最终调整后的效果如图 2.83 所示。

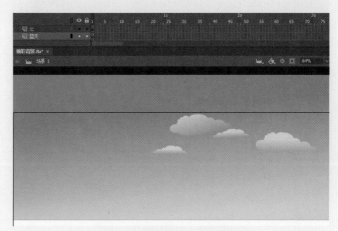

图 2.83　复制白云、调整渐变色

Step05 新增图层，命名为"地面"，用直线和铅笔工具完成地面绘制，用线条勾勒出地面凹凸不平的轮廓，颜色深浅不一。颜色值参考如图 2.84 所示。按【Ctrl+G】快捷键将该层图形组合。

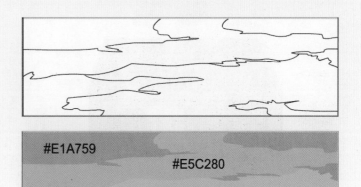

#E1A759

#E5C280

#DFAE65

#E8CA92

图 2.84　绘制地面

图 2.85 绘制远山

Step06 新增图层,命名为"远山",用直线工具绘制远山的轮廓。打开颜色面板,编辑填充渐变色,颜色定义条左侧色块的颜色值为"#55B4B8",右侧色块的颜色值为"#6CD7C8",使用渐变变形工具,将渐变方向设置成从上至下。远山的位置在天地交接线上,如图 2.85 所示。按【Ctrl+G】快捷键将该层图形组合。

Step07 新增图层,命名为"红房",用直线和矩形工具绘制房子的轮廓,效果如图 2.86 所示。

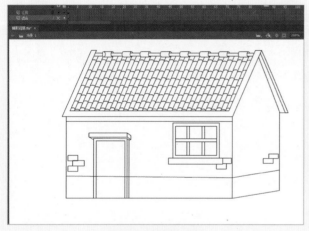

图 2.86 绘制红房子

Step08 按如图 2.87 所示的颜色值完成红房子填色。绘制好后按【Ctrl+G】快捷键将该层图形组合。

图 2.87 红房子填色

Step09 新增图层，命名为"黄房"，用直线和矩形工具绘制黄房子的轮廓，效果如图 2.88 所示。

图 2.88　绘制黄房子

Step10 按如图 2.89 所示的颜色值完成黄房子填色。绘制好后按【Ctrl+G】快捷键将该层图形组合。

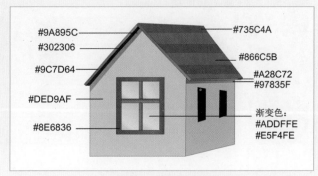

图 2.89　黄房子填色

Step11 在该层按【Ctrl+C】快捷键，再复制一个黄房子，效果如图 2.90 所示。

图 2.90　复制黄房子

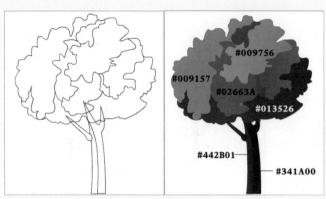

图 2.91　绘制远处的树木

图 2.92　复制出一排树木

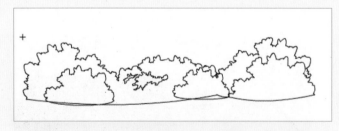

图 2.93　绘制灌木丛和树荫

Step12 新增图层，命名为"远树"，使用直线工具勾出树的轮廓，参照如图2.91所示的颜色值完成填色。绘制好后按【Ctrl+G】快捷键将该层图形组合。

Step13 填色后将"远树"复制出 5 棵，用缩放工具、水平翻转和移动工具等，将它们的形态进行改变，摆放在舞台中央，分布在房子周围，效果如图 2.92 所示。绘制好后按【Ctrl+G】快捷键将该层图形组合。

Step14 新增图层，命名为"灌木丛"，使用直线工具勾出树的轮廓，参照图 2.93 进行填色。可再新增图层为树丛添加树荫。

Step15 新增图层，命名为"近树"，绘制近处的大树，树干、树叶的形态和颜色如图 2.94 所示。

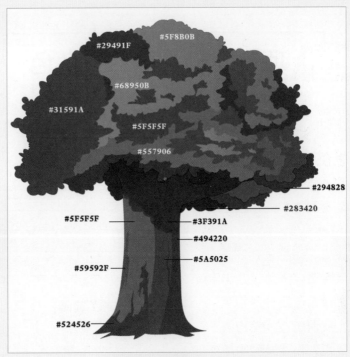

图 2.94　绘制近处的大树

Step16 新增图层，命名为"凳"，绘制小凳子，效果如图 2.95 所示。

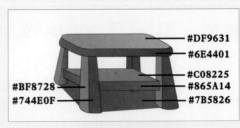

图 2.95　绘制小凳子

Step17 最后调整图层顺序，主场景最终效果如图 2.96 所示。

图 2.96　主场景最终效果

2.6 项目三：《福彩》角色——女主角绘制

女主角绘制重点知识讲解

2.6.1 项目介绍

动画角色的设计与制作在动画制作中处于核心地位。它通常分人物设定、机械设定、动物设定等。本项目主要以人物设定为主来讲解角色设计的相关知识。所谓角色，是指演员，或指人物在戏剧中所扮演的角色等。一部以角色情节为主的动画片包括剧情、对白、音乐、角色等几个方面的因素，其中又以角色设定最能体现出一部动画片的风格特点。角色设定的好坏直接影响到影片播出后的视觉效果。它包括角色转面、表情、动作等诸多细节，负责角色设定的设计师通过姿态和动作让角色活起来，赋予它性格和个人意志的表达，以表现它的情感，只有这样才能真正打动观众。角色设定还应该把角色动作与场景变换、镜头移动、角色态度等综合因素考虑

我想学到什么

不能忘的关键词

我要得到什么

坚持做完才有收获

成果打卡

DAY

进去。总之，角色设定的目标就是将剧本中的角色视觉化、具象化，这在整部动画作品的制作过程中起着非常重要的作用。

2.6.2　角色绘制技法

角色设定作为一门专业的课程，有一套比较完整、成熟的方法，所涉及的制作技术面是非常深入和广泛的。

1. 确定角色风格

不同题材、不同国家的动画片都有其特有的风格，角色风格的确定是设计师的首要任务。常见动画角色的设计风格有三种：Q 版风格、卡通风格和写实风格。

（1）Q 版风格造型比例是最为夸张的一种，这类角色的头部比较大，身体较小，形象更抽象一些，如图 2.97 所示。

图 2.97　Q 版人物形象

（2）卡通风格形象简单可爱，造型比较夸张，它基于真实物体的夸大和变形，从而达到一种有趣的效果，如图 2.98 所示。

图 2.98　卡通人物形象

（3）写实风格是以真实的物体为标准来表现物象的一种绘画方式，如图 2.99 所示。

图 2.99　写实人物形象

2. 塑造角色的形象

剧本中的角色造型只是单纯的文字描述，将文字转化为具体的画面是角色设计师的主要任务，设计具体人物造型时必须符合人物的性格和时代特征，融入设计师对角色的理解。

3. 为后期制作人员提供参考

角色设计师在设计好角色外形后，还要根据后期不同的制作方式提供不同的人物转面图、常见表情图、动作图等为动画师提供参考。角色设定的主要内容包括角色转面设计、角色面部表情设计、角色身体转面、手型设计、常见动作设计、人物色彩设计、人物之间比例关系，以及道具、服装设计等。

4. 动画角色绘制的一般步骤

图 2.100　人物线稿

图 2.101　上色后的人物形象

（1）动画制作人员要按照画面分镜稿绘制形象设计稿，即草图。草图可以直接画在 AN 中，也可以画在纸上。通过不断地修改和完善，用简单的线条勾画出大概的角色形象。

（2）将纸上绘制的角色线稿用扫描仪扫入计算机，并存成"JPG"格式，然后导入到 AN 中，进行描线，如图 2.100 所示。

（3）线稿描完后就可以上色了。在上色过程中，要建立一个颜色指定表，在里面设置角色各部分的颜色和色值，以方便选择颜色。这样即使更换计算机，也不用担心显示器显示不同而造成颜色的误差了，如图 2.101 所示。

（4）将角色的各部分（头、胳膊、手、腿、脚和身体）分别存成元件，并分散到各自的图层当中。这样动画师在制作动画过程中，可以方便灵活地为各肢体添加动画。

5. 动画制作前的准备工作——分层拆分元件及元件嵌套

在制作动画之前要先确定角色身体的各部分是以图形元件类型存放到库里的，只有转换成元件才能够正确地完成动作动画。一般情况下，人物的动作是涉及全身的，头、躯体、左大臂、左小臂、左手、右大臂、右小臂、右手、左大腿、左小腿、左脚、右大腿、右小腿、右脚和配饰都要转换成元件，而头又包括头发、脸、左耳、右耳、左眼、右眼、左眉、右眉、鼻、嘴等，如图 2.102 所示。

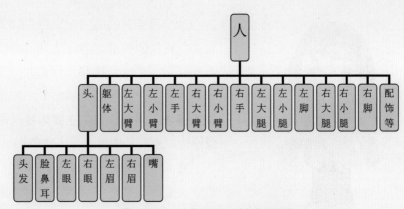

图 2.102　以人为例的元件嵌套结构图

元件"人"中包括"头""躯体"等元件，而元件"头"中又包括"头发""嘴"等元件，这就实现了元件的嵌套。读者需要注意的是，图 2.102 中的每个框既代表一个元件又代表是一层，也就是说，一个元件占一个图层。

拆分元件时，一定要将关节连接处的上下两部分处理成半圆形（正圆的一半），至少，要有一部分是半圆。如图 2.103 所示，箭头所指处都被处理成了半圆形。

图 2.103　元件拆分示意图

图2.104　Q版人物身高比例图

2.6.3　项目实战

本项目绘制的是广告短片《福彩》中的Q版人物角色——翠花，角色的头身比为三头身，角色造型设计同样由头部、躯干、手、胳膊、腿和脚组成，如图2.104所示。但在绘制时要考虑后面制作动画的环节，如角色的身体造型和四肢是否能满足动作的需要，在做某些动作时是否可以适当延长身体部位来完成动作等。

在设计角色的造型时，要抓住角色的特点，从体型、职业、爱好、性格等多方面因素考虑，同时还要照顾到动画的主题与风格。本项目中的翠花是农妇形象，性格淳朴、实在、可爱，角色设计为Q版形象。下面主要介绍翠花正面元件的绘制。

图2.105　新建文档

Step01 打开AN软件，在新建文档引导页上选择"角色动画"，在预设中选中"1280×720"像素的高清格式，创建一个新的文档，如图2.105所示。

Step02 按【Ctrl+R】快捷键，导入翠花线稿图，将该图层重命名为"线稿"。用鼠标右键单击"线稿"图层，在弹出的快捷菜单中选择"引导层"命令，将舞台中的翠花编排好位置，锁定该层，如图2.106所示。

☆ 提示

"引导层"中的内容最终不会被显示在动画播放文件中，所以可借助这个功能存放不需要显示在画面中的内容。线稿中，黑色线条是轮廓线，绘制好后无须删除。蓝色线条是明暗交接线，也被称作"辅助线"，请在填色时注意区分，并在填色后清除掉。

图2.106　导入线稿

Step03 按【Ctrl+F8】快捷键，新建元件，命名为"翠花正面"，类型为"图形"元件，单击"确定"按钮后进入元件的编辑模式，如图 2.107 所示。

图 2.107　新建元件

Step04 按【Ctrl+E】快捷键，返回主场景。新建图层"翠花正面"，再将元件"翠花正面"从库中拖放到该层中，置于舞台中"线稿"的上面。这时元件是空的，只能看到一个小的中心点，如图 2.108 所示。

图 2.108　空元件在舞台上的显示

Step05 双击中心点，再次进入元件"翠花正面"的编辑模式，此时，编辑区域半透明显示出"翠花线稿"。这时就可以在元件中分层拆分元件绘制翠花了，如图 2.109 所示。

图 2.109　舞台上的线稿半透明呈现在元件中

Step06 首先绘制左臂。选择直线工具，笔触大小为 1、绿色。开始描绘，轮廓线描绘好后，再用蓝色描辅助线。填色前要确保区域是封闭的，参照如图 2.110 所示的颜色值进行填色。

☆ 提示

选择明显区分于线稿的其他颜色，能清晰准确地进行描绘，便于操作。在绘制完整体角色后，再框选角色，将线条统一改为黑色。手臂中的肩部被身体遮挡住的部分和手腕被袖口遮挡的部分也要绘制完整。

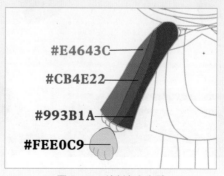

#E4643C
#CB4E22
#993B1A
#FEE0C9

图 2.110　绘制角色左臂

图 2.111　角色左手元件

Step07 将左臂的轮廓线改为黑色，删掉辅助线，此时左臂就可以拆分元件了。先将左手框选上，按【F8】键，将其转换成元件，命名为"左手"，选择"图形"类型，如图 2.111 所示。

Step08 接下来完成左大臂和左小臂的拆分。首先，在胳膊中间位置将其用直线分两段，再以这条分割线为直径，估算出圆心，按住【Shift+Alt】快捷键的同时，使用椭圆工具（无填充模式）从圆心出发，拖曳出一个正圆，使之正好与胳膊宽度匹配，我们把它称为"关节连接球"，如图 2.112 所示。

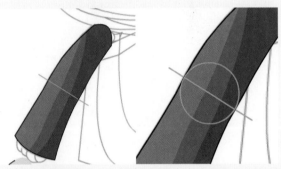

图 2.112　拆分角色左臂（1）

Step09 选中小臂的线框和填充，按住【Shift】键的同时，加选关节连接球中的填充，一并选中后，按住【Alt】键的同时移动左小臂，复制左小臂。用墨水瓶工具将圆形的左小臂顶端填满黑色轮廓线。将其转换成图形元件，命名为"左小臂"，选择"图形"类型，如图 2.113 所示。

图 2.113　角色左小臂元件

Step10 将剩余的关节连接球中的半圆或圆形线框删掉，将胳膊两端剩余的分割线重新连接，如图 2.114 所示。

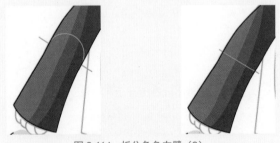

图 2.114　拆分角色左臂（2）

Step11 选中分割线以上的左大臂部分（不选分割线，也不用添加轮廓线），按【F8】键，将其转换成元件，命名为"左大臂"，选择"图形"类型，如图 2.115 所示。

图 2.115　角色左大臂元件

Step12 选中该图层中的左大臂、左小臂和左手三个元件，单击鼠标右键，在弹出的快捷菜单中选择"分散到图层"命令，这样三个元件就被分配在各自的图层中了。这时图层 1 变为空层，若图层 1 的第 1 帧还有内容，请将其删除，效果如图 2.116 所示。

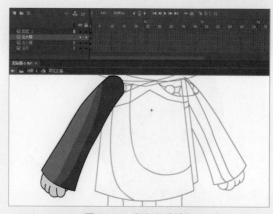

图 2.116   角色左臂效果

Step13 接着在图层 1 中按相同的方法绘制右大臂、右小臂、右手、左大腿、左小腿、左脚、右大腿、右小腿和右脚。将它们都转换成元件，再分散到图层，效果如图 2.117 所示。

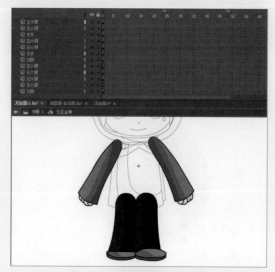

图 2.117   角色四肢拆分后效果

Step14 新增图层，命名为"躯干"，在该层绘制上半身，转换成"躯干"元件，如图 2.118 所示。

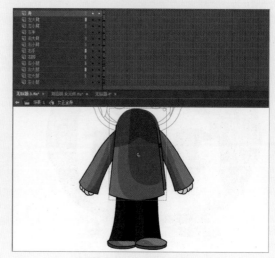

图 2.118   绘制角色躯干

图 2.119　绘制头巾

Step15 绘制头部元件。因为头部元件中包括头巾、脸和五官，所以也要分层拆分元件来制作。新增图层，命名为"翠花头"。开始在该层中绘制头巾，效果如图 2.119 所示。

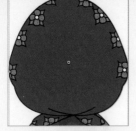

图 2.120　创建翠花头元件

Step16 按【F8】键，将"翠花头"图层中的头巾转换为元件，命名为"翠花头"，选择"图形"类型，单击"确定"按钮后进入元件编辑模式，如图 2.120 所示。

图 2.121　翠花头元件效果

Step17 双击元件，进入"翠花头"元件编辑模式，开始逐层绘制脸和五官。制作动画时，不动的部分，如头发、脸和头巾，可绘制到一层里。需要参与动画制作的五官，如左眼、右眼、左眉、右眉和嘴，必须分层、转元件。最终效果如图 2.121 所示。

Step 18 按【Ctrl+E】快捷键，返回主场景。此时，主场景舞台中有"翠花正面"实例。双击"翠花正面"，其中包括头、身及四肢。双击"翠花头"，其中包括头巾、头发、脸及五官。一个角色的绘制需要实现三层元件嵌套，以确保以后动画制作时表情与动作协调统一。完成的效果如图 2.122 所示。

图 2.122　实现元件嵌套

Step 19 至此，翠花正面绘制完成，保存源文件即可。

2.7　本章小结

　　本章从 AN 软件的工具使用入手，介绍了时间轴窗口的组成、帧、图层、元件、实例和库的概念及使用方法。同时，以广告短片《福彩》中涉及的道具、场景及角色为例，介绍了如何利用 AN 软件进行角色、道具和场景的绘制，这些内容是进行动画制作的基础，需要重点掌握。

第3章 基本动画应用

学习目标:

- 掌握逐帧动画的制作原理及技巧;
- 掌握形状补间动画的制作原理及技巧;
- 掌握传统补间动画的制作原理及技巧;
- 掌握摄像机动画的制作原理及技巧;
- 掌握补间动画的制作原理及技巧;
- 掌握引导动画的制作原理及技巧;
- 掌握遮罩动画的制作原理及技巧;
- 掌握骨骼动画的制作原理及技巧。

本章导读:

　　动画制作是 AN 软件的核心功能,从简单的逐帧动画、补间动画、形状补间动画和传统补间动画,再到更加复杂的引导动画、遮罩动画和骨骼动画,在进行动画制作时可根据需要灵活地进行选择。若将这些动画效果加上摄像机镜头的运动,则会使画面效果更加丰富多彩。本章就重点介绍这些动画的制作原理及技巧。

3.1　项目四:逐帧动画——网络动图

网络动图重点知识讲解

3.1.1　项目介绍

　　在 QQ、微信表情包越来越丰富的时代,网络动图因其表现效果直接、生动,能够带来视觉冲击,被广大用户所喜爱。本项目将利用 AN 软件中的逐帧动画功能来制作两个网络动图,项目效果如图 3.1 所示。

我想学到什么

_____

_____

不能忘的关键词

_____

_____

_____

我要得到什么

_____

_____

_____

坚持做完才有收获

_____

_____

_____

成果打卡

DAY

图 3.1　网络动图效果展示

3.1.2　逐帧动画原理

逐帧动画的原理与其名称一样，即在时间轴上以关键帧的形式逐帧展现动画内容，由于逐帧动画的每个动作都需要单独进行绘制或设计，因此，它是 AN 中制作过程最烦琐的一种动画。但正是由于逐帧动画的这个特点，使得它具有很大的灵活性，几乎可以表现任何想要表达的动画内容。

3.1.3　项目实战

任务一：制作蚂蚁 1 晃头动作

Step 01 打开"网络动图素材"文件，将其另存为"网络动图—耶"。

Step 02 在库面板中双击"蚂蚁 1—头"图形元件，进入该元件的编辑窗口，在第 10 帧处按【F5】键插入普通帧，在第 5 帧处按【F6】键插入关键帧。选中第 5 帧舞台中的头元件，用任意变形工具将其向右旋转一下，如图 3.2 所示。

任务二：制作蚂蚁 1 转身动作

Step 03 单击舞台左上角的"场景 1"返回场景中，将"图层 1"重命名为"头"。

Step 04 从库面板中将"蚂蚁 1—头"元件拖入舞台中，在第 20 帧处按【F5】键插入普通帧，在第 10 帧处按【F6】键插入关键帧。用选择工具单击选中第 10 帧舞台中的头元件，选择"修改"→"变形"→"水平翻转"命令，将头元件水平翻转。

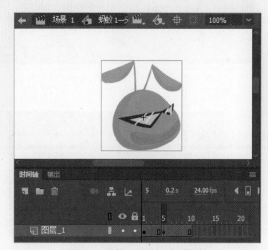

图 3.2　蚂蚁 1 晃头动作时间轴

图 3.3　蚂蚁 1 转身动画

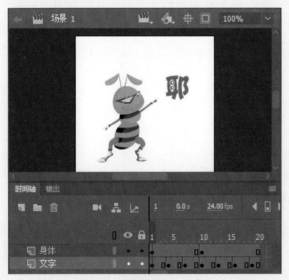

图 3.4　复制文字变形动画

图 3.5　更改文字颜色

Step05 新建图层"身体",并将其调整至"头"图层的下方。用与上一步同样的方法制作身体转身动画。头和身体的动画如图 3.3 所示。

任务三:制作"耶"文字动画

Step06 新建图层"文字",利用文本工具在舞台上输入文字"耶",可为其设置自己喜欢的文字效果,本项目中设置的是"汉仪太极体简"字体,37磅字,红色。选中文字,按【F8】键将其转换为图形元件"耶"。

Step07 在"文字"图层的第 4 帧处按【F6】键插入关键帧,用任意变形工具将文字适当缩小。

Step08 按住鼠标左键直接拖动选中第 1 至第 4 帧,在保持帧选中的情况下单击鼠标右键,从弹出的快捷菜单中选择"复制帧"命令,在该层第 7 帧处单击鼠标右键,从弹出的菜单中选择"粘贴帧"命令,即可对文字大小变化的动画进行复制,如图 3.4 所示。复制完成后,将第 21 帧以后的多余帧删除即可。

☆ **提示**

在保持帧选中的情况下,按住【Alt】键的同时拖动鼠标至想要复制帧的位置,也可执行复制帧操作。

Step09 更改文字颜色。单击选中第4 帧中的文字元件,调整属性面板中的"色彩效果"属性,选择"色调"样式,设置颜色为"黄色",色调值为"100%",可将第 4 帧中的文字变为黄色,如图 3.5所示。

Step10 用与上一步同样的方法,依次更改第 10 帧中的文字颜色为蓝色，第 16 帧中的文字颜色为绿色。至此，文字动画制作完成。

任务四：添加声音

Step11 在"头"图层上方新建一图层，并重命名为"音乐"。

Step12 单击该图层的第 1 帧，调整属性面板中的"声音"属性，设置"名称"为"音乐 .mp3"，在"同步"方式处选择"数据流"格式，如图 3.6 所示。

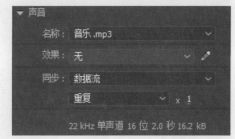

图 3.6　添加声音

☆ 提示

在声音的同步方式中，只有"数据流"模式是可以与时间轴保持同步的。

任务五：输出动画

Step13 按【Ctrl+Enter】快捷键，可将动画发布为 SWF 格式的动画文件。

Step14 由于网络动图很多都为 GIF 格式，因此，可利用"文件"→"发布设置"或"文件"→"导出"→"导出动画 GIF"菜单命令，将制作好的动画发布为 GIF 格式。

任务六：制作网络动图—哈哈

Step15 打开"网络动图素材"文件，将其另存为"网络动图—哈哈"。

Step16 用逐帧动画制作蚂蚁 2 大笑时上下点头的动作，如图 3.7 所示。

Step17 利用文本工具输入"哈哈"竖排文字，制作文字随蚂蚁点头上下移动的逐帧动画，如图 3.8 所示。

图 3.7　蚂蚁 2 大笑动作

图 3.8　哈哈文字上下移动动画

图 3.9　插入声音

Step18 在最上面的图层插入"笑声 .mp3"声音，如图 3.9 所示，将动画文件发布成所需要的格式即可。

3.2 | 项目五：形状补间动画——图形变形

图形变形重点知识讲解

3.2.1　项目介绍

补间动画包括两种：形状补间动画和传统补间动画，这类动画只需要制作动画的起始与结束两个关键帧，中间的过渡帧由 AN 自动生成。本项目将通过图形变形实例讲解形状补间动画的制作方法。项目效果如图 3.10 所示。

我想学到什么

不能忘的关键词

我要得到什么

坚持做完才有收获

☐　成果打卡

DAY

图 3.10　图形变形动画效果展示

3.2.2　形状补间动画原理

　　形状补间动画是矢量形状之间进行变形的动画，可制作图形之间形状、颜色、位置及透明度等属性的变化。制作形状补间动画，必须将两个图形分别放在同一图层的两个关键帧中，然后在两帧之间的任意一个帧上单击鼠标右键，从弹出的快捷菜单中选择"创建补间形状"命令即可。制作好的形状补间动画在时间轴上以棕黄色底、黑色实心箭头表示。

> ☆ 提示
>
> 形状补间动画因为是矢量形状之间的变形，因此，要求动画中每个关键帧的内容必须是完全分离的矢量图形，如果是文字、组、元件、绘制对象作为关键帧内容，则必须先按【Ctrl+B】快捷键将它们分离。

　　如果要控制更加复杂的形状变化，可以使用 AN 中为我们提供的形状提示命令进行精确控制，即在制作好一段形状补间动画后，利用"修改"→"形状"→"添加形状提示"菜单命令，或按【Ctrl+Shift+H】快捷键，为动画添加形状提示点。

> ☆ 提示
>
> 形状提示点使用字母（从 a 到 z）标记，用于识别起始形状和结束形状中的相对应的点，最多可以使用 26 个形状提示。制作时需要同时调整起始帧和结束帧中相对应的点，未调整时，形状提示点为红色，调整后，起始关键帧上的形状提示点为黄色，结束关键帧上的形状提示点为绿色。使用形状提示时，一定要确保添加的形状提示是符合逻辑顺序的，例如，按逆时针的顺序从形状左上角开始依次添加，不能将顺序打乱。

3.2.3　项目实战

任务一：绘制第 1 帧图形

Step01 新建 640 像素 ×480 像素的标准 AN 预设文件。

Step02 选用多角星形工具，在第 1 帧的舞台中央绘制一个五角星，并用选择工具调整其为花瓣形状。在颜色面板中设置填充色为浅黄色到红色的径向渐变，调整后的图形效果如图 3.11 所示。

图 3.11　第 1 帧图形

图 3.12　第 20 帧图形

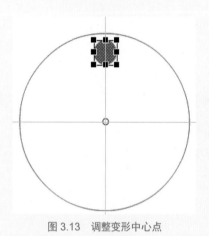

图 3.13　调整变形中心点

任务二：绘制第 20 帧图形

Step03 在第 20 帧处按【F7】键插入空白关键帧。

Step04 选择"视图"→"标尺"菜单命令，在舞台上拖曳出两条标尺线，用于标示舞台的中心位置。

Step05 选择椭圆工具，以标尺线定位的点为中心点，按住【Shift+Alt】快捷键，从中心位置向外拖曳绘制一个无填充色的红色正圆，并在正圆中心位置绘制一个黄色到红色径向渐变填充的稍小一些的正圆，绘制效果如图 3.12 所示。

任务三：绘制第 40 帧图形

Step06 在第 40 帧处按【F7】键插入空白关键帧。

Step07 选择椭圆工具，以标尺线定位的点为中心点，按住【Shift+Alt】快捷键，从中心位置向外拖曳绘制一个无填充色的红色正圆。然后再次用椭圆工具，在水平中心靠上位置绘制一个红色填充的小圆，并用任意变形工具将中心点移至标尺标示的中心位置，如图 3.13 所示。

Step08 保持用任意变形工具将小圆选中的状态，按【Ctrl+T】快捷键打开变形面板，输入旋转角度为"30"度，单击"重置选区和变形"按钮，将小圆复制一圈，如图 3.14 所示。

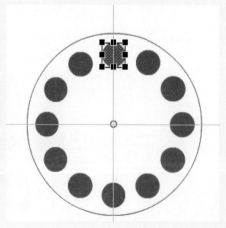

图 3.14　旋转并复制小圆

Step09 再次选择椭圆工具，以标尺线定位的点为中心点，按住【Shift+Alt】快捷键，从中心位置向外拖曳绘制一个稍小一些的无填充色的红色正圆，如图 3.15 所示。

任务四：绘制第 60 帧图形

Step10 在第 60 帧处按【F7】键插入空白关键帧。

Step11 选择椭圆工具，以标尺线定位的点为中心点，按住【Shift+Alt】快捷键，从中心位置向外拖曳绘制一个无轮廓线、红色填充的正圆，如图 3.16 所示。

任务五：输入第 80 帧文字

Step12 在第 80 帧处按【F7】键插入空白关键帧。

Step13 选择文本工具，在舞台中输入绿色文字"ANIMATE"，字体和字号可以任意设置，然后按【Ctrl+B】快捷键两次，将文字完全打散，调整文字使其位于舞台中心，如图 3.17 所示。

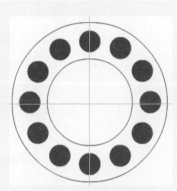 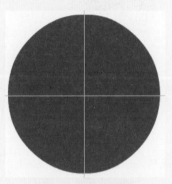

图 3.15　第 40 帧完整图形　　　图 3.16　第 60 帧图形

图 3.17　第 80 帧文字

任务六：制作动画

Step14 将第 1 至第 80 帧全部选中，在其中的任意一帧上单击鼠标右键，从弹出的快捷菜单中选择"创建补间形状"命令，即可将形状补间动画制作完成，时间轴如图 3.18 所示

图 3.18　形状补间动画的时间轴

Step15 保存并按【Ctrl+Enter】快捷键测试发布动画。

3.3 项目六：传统补间动画——生日贺卡

生日贺卡重点知识讲解

3.3.1 项目介绍

在同学、朋友过生日时，即使相隔万里，但如果能够送上一张亲手制作的电子贺卡表达祝福，则更能体现真诚祝福的心意。本项目以生日贺卡为例，介绍传统补间动画的制作方法和技巧，项目效果如图 3.19 所示。

图 3.19　生日贺卡动画效果展示

我想学到什么

不能忘的关键词

我要得到什么

坚持做完才有收获

☐ **成果打卡**

DAY

3.3.2　传统补间动画原理

传统补间动画是 AN 中使用率最高的一种动画类型，该动画只能对元件进行操作，通过更改实例的位置、颜色、大小、透明度、亮度、旋转、速度等相关属性来实现动画效果。制作传统补间动画，必须在同一图层的起始和结束关键帧中放置同一个元件，且一层只能放置一个元件，调整好两帧实例对象的属性后，在两帧之间的任意一帧上单击鼠标右键，从弹出的快捷菜单中选择"创建传统补间"命令即可。制作好的传统补间动画在时间轴上以紫色底、黑色实心箭头表示。

☆ 提示

若要调整动画的速度和旋转效果，需要先制作好传统补间动画，再在属性面板中进行调整。

3.3.3　项目实战

任务一：制作生日蛋糕动画

Step 01 制作生日蛋糕渐显动画。打开"生日贺卡素材"文件，在"desk"图层上新建图层"cake"，从库面板中将"cake"图形元件放入第 1 帧中，并调整使其位于桌面上。

Step 02 将所有层的第 150 帧同时选中，按【F5】键插入普通帧，可将所有层的图形延续至第 150 帧。

Step 03 在"cake"图层的第 45 帧处按【F6】键插入关键帧，选择第 1 帧中的蛋糕实例，用任意变形工具将元件缩小，并放置于桌面上，同时调整属性面板中的"色彩效果"属性，设置"样式"为"Alpha"，将其值调整为"0"，此时，蛋糕实例不可见。

Step 04 在"cake"图层的第 1 至第 45 帧之间的任意一帧上单击鼠标右键，在弹出的快捷菜单中选择"创建传统补间"命令，即可制作出生日蛋糕逐渐出现的动画，如图 3.20所示。

图 3.20　生日蛋糕渐显动画

图 3.21　第 55 帧 "牌" 元件位置

图 3.22　第 70 帧 "牌" 元件位置

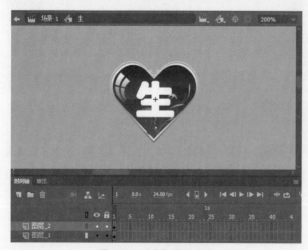

图 3.23　 "生" 图形元件

Step05 制作 "牌" 落下动画。在 "cake" 图层上新建 "牌" 图层，在该层的第 55 帧处按【F6】键插入关键帧，从库面板中将 "牌" 图形元件拖曳至舞台上方，同时调整该帧的 "牌" 元件透明度为 "0"，如图 3.21 所示。

Step06 在第 70 帧处按【F6】键插入关键帧，选中 "牌" 元件，调整属性面板中的 "色彩效果" 属性，设置 "样式" 为 "无"，即取消其透明度设置，然后将其移至蛋糕上，在该层的第 55 至第 70 帧之间创建传统补间动画，如图 3.22 所示。

任务二：制作生日快乐文字动画

Step07 制作 "生" "日" "快" "乐" 4 个文字的图形元件。按【Ctrl+F8】快捷键新建 "生" 图形元件，按【Ctrl+R】快捷键导入素材文件夹中的 "心形 .png" 图片，调整为合适大小。

Step08 在其上新建一图层，用文本工具输入文字 "生"，字体为 "方正琥珀简体"，字号为 "40 磅"，颜色为 "白色"，如图 3.23 所示。

Step09 从库面板中选择
"生"元件，单击鼠标右键，
在弹出的快捷菜单中选择"直
接复制"命令，可弹出如图 3.24
所示的"直接复制元件"对话
框，更改名称为"日"，单击"确
定"按钮。

图 3.24　"直接复制元件"对话框

Step10 在库面板中双击
"日"元件，即可进入到"日"
元件的编辑窗口，用文本工具
选中文字并更改为"日"字，
如图 3.25 所示。

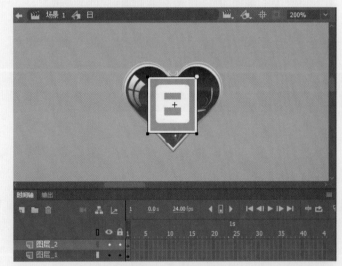

图 3.25　"日"图形元件

Step11 用同样的方法制作
"快"和"乐"元件。

Step12 制作"生""日""快"
"乐"文字动画。在"chair4"
图层上面新建 4 个图层，从下
至上分别命名为"生""日"
"快""乐"。

Step13 在这 4 个图层的第
64 帧处插入关键帧，将"生"
"日""快""乐" 4 个元件分
别放在对应图层上，并排列好
文字位置，此时的舞台效果如
图 3.26 所示。

图 3.26　"生""日""快""乐"文字位置

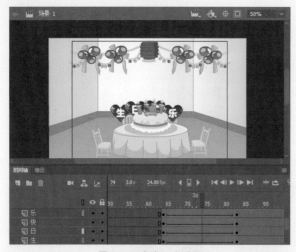

图 3.27　文字飞出动画

Step14 在"生""日""快""乐"4个图层的第 83 帧处按【F6】键插入关键帧，然后调整各层第 64 帧文字的位置，使其位于桌子后面，即让文字动画从桌面后面飞出，在各层的第 64 至第 83 帧之间创建传统补间动画，如图 3.27 所示。

图 3.28　"生"字动画

Step15 制作文字抖动效果。在"生"字图层的第 87 帧处按【F6】键插入关键帧，选中舞台中的文字，按【Shift+↓】快捷键将文字向下移动 10 像素；在第 91 帧处按【F6】键插入关键帧，按【Shift+↑】快捷键将文字位置还原。

Step16 选中第 87 至第 91 帧，按住【Alt】键向右移动不断复制至第 119 帧，在该层的第 83 至 123 帧之间创建传统补间动画，如图 3.28 所示。

Step17 用同样的方法，分别制作"日""快""乐"3 个文字的抖动效果，完成后如图 3.29 所示。

Step18 保存并按【Ctrl+Enter】快捷键测试发布动画。

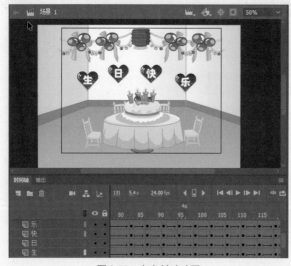

图 3.29　文字抖动动画

3.4　项目七：摄像机动画——运动镜头

运动镜头重点知识讲解

3.4.1　项目介绍

一部优秀的动画作品是由若干个镜头组成的，镜头运用得好会给人一种赏心悦目的感觉，在进行动画创作时就需要了解这些镜头语言。本项目通过运动镜头实例，重点介绍摄像机动画的制作技巧。项目效果如图 3.30 所示。

我想学到什么

不能忘的关键词

我要得到什么

坚持做完才有收获

☐　**成果打卡**

DAY

图 3.30　运动镜头效果展示

3.4.2　镜头原理

根据摄像机的拍摄轨迹，可以将动画中的运动镜头分为推拉镜头、摇镜头、移镜头和跟镜头四种。

1. 推拉镜头

推拉镜头即对画面进行缩放操作，效果如图 3.31 所示。推镜头用来观察画面的某个特定细节，意在突出主体，强调主体与局部的对比，集中观众注意力；拉镜头用来向观众展示全景，往往比推镜头更能吸引观众的注意力，有时还有制造悬念的作用。

2. 摇镜头

摇镜头能代表人眼观看周围的一切，在运动中，摄像机的位置保持不变，只是镜头沿轴线方向转动，可分为左右横摇和上下直摇两种。其中，左右横摇常用来介绍大场面，上下直摇常用来展示高大物体的雄伟、险峻。从效果上看，距离镜头越近的物体其运动速度就越快。摇镜头效果如图3.32所示。

图 3.31　推拉镜头效果

图 3.32　摇镜头效果

3. 移镜头

移镜头指在拍摄过程中摄像机的位置是移动的，其画面往往给人以流动的感觉，可生动地表现空间的变化。移镜头效果如图 3.33 所示。

图 3.33　移镜头效果

4. 跟镜头

跟镜头是镜头锁定在某个运动主体上，镜头始终跟着这个主体运动，画面中的背景是不断变化的。跟镜头往往能产生一种视觉追随的效果，如图 3.34 所示。

图 3.34　跟镜头效果

3.4.3　项目实战

任务一：布置场景

Step 01 打开"运动镜头素材"文件，将其另存为"运动镜头"。

Step 02 将"图层 _1"重命名为"bj"，从库面板中把"背景"图形元件放入舞台中，其右侧与舞台右侧对齐。

Step 03 新建图层"ying"，从库面板中把"猫头鹰"图形元件拖放入舞台。选中"猫头鹰"元件实例，按【Ctrl+T】快捷键打开变形面板，打开约束选项，输入缩放宽度为"51%"，如图 3.35 所示，此时，元件的宽度与高度将同时变为"51%"。

图 3.35　变形面板

Step 04 调整"猫头鹰"元件的位置，使其位于舞台左侧树枝上，此时舞台效果如图3.36所示。

图 3.36　"猫头鹰"元件的位置

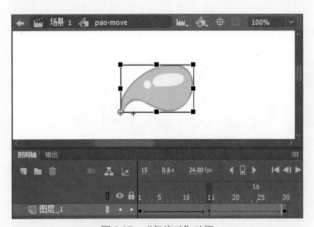

图 3.37　"气泡动"动画

图 3.38　调整 "pao-move" 图形元件

Step 05 制作"气泡动"动画。按【Ctrl+F8】快捷键新建"pao-move"图形元件，从库面板中把"pao"元件放入舞台中心位置。用任意变形工具将中心点调整至气泡尖的位置，在第15和第30帧处分别按【F6】键插入关键帧。选中第15帧中的元件，用任意变形工具将气泡放大，在第1至第30帧之间创建传统补间动画，制作好的"气泡动"动画如图3.37所示。

Step 06 返回场景，新建图层"pao"。从库面板中把刚制作完成的"pao-move"图形元件放入舞台中猫头鹰嘴边的位置，调整元件至合适大小，并在所有层的第670帧处按【F5】键插入普通帧，如图3.38所示。

任务二：制作镜头动画

Step07 制作镜头淡入动画。在"bj"图层的第 35 帧处按【F6】键插入关键帧，单击选中第 1 帧的背景图形，调整属性面板中的"色彩效果"属性，选择"亮度"样式，设置"亮度"为"–73%"，在第 1 至第 35 帧之间创建传统补间动画，如图 3.39 所示。

图 3.39　淡入镜头动画

Step08 添加摄像机图层。从时间轴面板中单击"添加摄像头"按钮，在所有图层上方将自动添加一个摄像机图层"Camera"，此时的舞台如图 3.40 所示。

图 3.40　添加摄像机图层

Step09 制作移镜头动画。在摄像机图层的第 45 和第 130 帧处分别插入关键帧。选中第 130 帧，当鼠标指针变为时向左拖动鼠标，使背景画面中的桃花和诗句进入舞台。在第 45 至第 130 帧之间创建传统补间动画，如图 3.41 所示。

图 3.41　移镜头动画

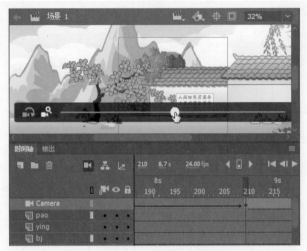

图 3.42　推镜头动画

Step10 制作推镜头动画。在摄像机图层的第 155 帧和第 210 帧处分别插入关键帧，选中第 210 帧，向右拖动缩放滑块，会发现镜头产生了推镜效果，通过缩放和移动摄像机的操作，使诗句放大，在第 155 至第 210 帧之间创建传统补间动画，效果如图 3.42 所示。

图 3.43　拉镜头动画

Step11 制作拉镜头动画。在摄像机图层的第 250 帧和第 305 帧处分别插入关键帧，选中第 305 帧，向左拖动缩放滑块，会发现镜头产生了拉镜效果，在第 250 至第 305 帧之间创建传统补间动画，效果如图 3.43 所示。

图 3.44　移镜头动画

Step12 制作移镜头动画。用与本项目第 9 步同样方法在摄像机图层第 335 至第 410 帧之间创建镜头左移的传统补间动画，使猫头鹰进入舞台，效果如图 3.44 所示。

Step13 制作推镜头动画。用与本项目第 10 步同样方法在摄像机图层第 440 至第 505 帧之间创建推镜头动画，使猫头鹰在舞台中间放大，效果如图 3.45 所示。

图 3.45　推镜头动画

任务三：制作猫头鹰动画

Step14 制作猫头鹰受惊醒来动画。在"ying"图层上新建图层"ying1"，在第 545 帧处插入关键帧，将"ying2"图形元件从库面板中拖入舞台，在变形面板中调整其缩放值为"41%"，调整好猫头鹰的位置后，在"ying"图层的第 545 帧处按【F7】键插入空白关键帧，如图 3.46 所示。

图 3.46　第 545 帧动画

Step15 在"ying1"图层的第 548 帧处插入空白关键帧，将"ying3"图形元件从库面板中拖入舞台，在变形面板中调整其缩放值为"51%"，调整好猫头鹰的位置，如图 3.47 所示。

☆ **提示**

在调整猫头鹰位置时，可利用时间轴面板上的"编辑多帧" 按钮进行调整。

图 3.47　第 548 帧动画

图 3.48　第 550 帧动画

图 3.49　猫头鹰发抖动画

图 3.50　第 598 帧动画

Step16 在"ying1"图层的第 550 帧处插入空白关键帧，将"ying4"图形元件从库面板中拖入舞台，在变形面板中调整其缩放值为"41%"，调整好猫头鹰的位置，同时在"pao"图层的第 550 帧处插入空白关键帧，如图 3.48 所示。

Step17 制作猫头鹰发抖动画。在"ying1"图层上新建图层"ying2"，在第 567 帧处插入关键帧，将"ying5"图形元件从库面板中拖入舞台，在变形面板中调整其缩放值为"41%"，调整好猫头鹰的位置后，在"ying1"图层的第 567 帧处键插入空白关键帧。

Step18 在"ying2"图层的第 569 帧处插入空白关键帧，将"ying6"图形元件从库面板中拖入舞台，在变形面板中调整其缩放值为"41%"，调整猫头鹰爪子的位置与第 567 帧相同。

Step19 选中第 567 帧至第 569 帧，按住【Alt】键的同时拖动，将其复制到第 571 帧处，然后用同样的方法，一直复制到第 595 帧。至此，猫头鹰发抖的动画制作完成，如图 3.49 所示。

Step20 制作猫头鹰晕倒掉落动画。在"ying2"图层上新建图层"ying3"，在第 599 帧处插入关键帧，将"ying7"图形元件从库面板中拖入舞台，在变形面板中调整其缩放值为"41%"，调整好猫头鹰的位置后，在"ying2"图层的第 599 帧处插入空白关键帧，如图 3.50 所示。

Step21 选中"ying3"图层第 599
帧中的"ying7"图形元件,用任意
变形工具将中心点调整至猫头鹰左
脚的位置,在该层的第 619 帧处插
入空白关键帧,然后将其向左稍微
旋转一些,如图 3.51 所示。

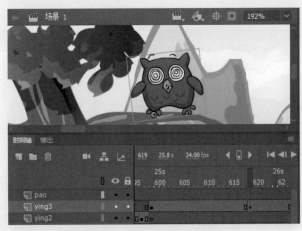

图 3.51 第 619 帧猫头鹰效果

Step22 在"ying3"图层的第 628
帧处插入关键帧,用任意变形工具
再次将猫头鹰向左旋转,旋转角度
应比第 619 帧中稍大一些,然后在
第 599 帧至第 628 帧之间创建传统
补间动画,如图 3.52 所示。

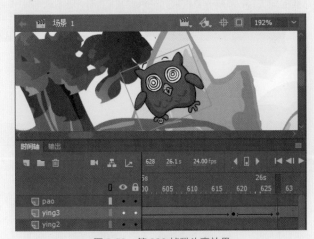

图 3.52 第 628 帧猫头鹰效果

Step23 制作猫头鹰快速掉落效
果。在"ying3"图层上新建图层
"ying4",在第 636 帧处插入关键帧,
将"ying8"图形元件从库面板中拖
入舞台,在变形面板中调整其缩放
值为"41%",并调整其位置如图 3.53
所示,在"ying3"图层的第 636 帧
处插入空白关键帧。

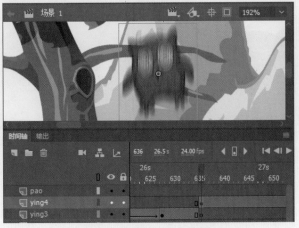

图 3.53 第 636 帧猫头鹰位置

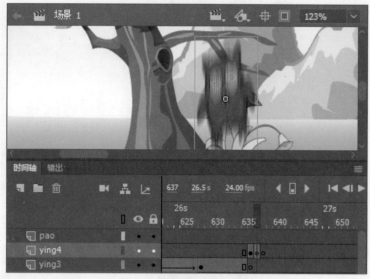

图 3.54　第 637 帧猫头鹰位置

图 3.55　背景震动动画

Step 24 在 "ying4" 图层第 637 帧处插入空白关键帧，将 "ying9" 图形元件从库面板中拖入舞台，在变形面板中调整其缩放值为 "41%"，并调整其位置如图 3.54 所示。由于猫头鹰掉落速度较快，因此调整其位置向下一些。在第 638 帧处插入空白关键帧。

Step 25 制作背景震动夸张效果。为了使猫头鹰掉落的效果更加夸张，因此添加落地时背景震动效果。在 "bj" 图层的第 638、第 640、第 642、第 644 帧处分别插入关键帧，使用光标键将第 638 帧和第 642 帧的背景图形向左向上各移动 2 像素，如图 3.55 所示。

Step 26 保存并按【Ctrl+ Enter】快捷键测试发布动画。

3.5　项目八：补间动画——快乐的向日葵

快乐的向日葵重点知识讲解

3.5.1　项目介绍

在 AN 中，有两个工具是对图形进行三维变形的，即 3D 旋转工具和 3D 平移工具，但必须配合着补间动画来使用。本项目就将利用补间动画知识来完成快乐的向日葵动画制作，动画效果如图 3.56 所示。

我想学到什么

不能忘的关键词

我要得到什么

坚持做完才有收获

成果打卡

DAY

图 3.56　快乐的向日葵动画效果展示

3.5.2　补间动画原理

补间动画与传统补间动画类似，但其创建方式更加简便。一般来说，当舞台上已经有一个实例对象后，可直接在该帧上单击鼠标右键，在弹出的快捷菜单中选择"创建补间动画"命令，此时，时间轴背景呈黄色，然后，将播放头置于想要调整动画的地方，直接调整实例的相关属性（如更改位置等），即可在该位置自动生成属性关键帧，从而完成补间动画的制作。制作好的补间动画的路径可以直接显示在舞台上，并且是有控制手柄可以调整的，如图 3.57 所示。一般在用到 AN 中的 3D 功能时，会用补间动画来制作。需要注意的是，补间动画的范围内是不允许添加帧脚本的。

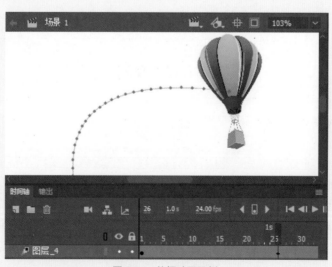

图 3.57　补间动画示例

3.5.3　项目实战

任务一：制作蓝天展开动画

Step01 打开"快乐的向日葵素材"文件，将其另存为"快乐的向日葵"。

Step02 在场景中"蓝天"和"地面"图层的第 175 帧处按【F5】键插入普通帧。

Step03 在"蓝天"图层的第 10 帧处插入关键帧，选择 3D 旋转工具，将中心点调整至如图 3.58 所示蓝天边缘位置。

Step04 在"蓝天"图层的第 10 帧处单击鼠标右键，在弹出的快捷菜单中选择"创建补间动画"命令，此时，时间轴背景呈黄色。

Step05 将播放头置于第 30 帧处，用 3D 旋转工具选中蓝天图片，此时屏幕上会出现几个坐标轴，将鼠标放置在红色坐标轴，即 X 轴上，拖动鼠标，将图片向上旋转至打开状态，此时的时间轴上会自动出现一个菱形的属性关键帧，如图 3.59 所示。

> ☆ 提示
>
> 3D 旋转工具的坐标轴分红、绿、蓝、黄 4 个颜色，其中红色代表 X 轴，绿色代表 Y 轴，蓝色代表 Z 轴，黄色代表任意轴。

Step06 制作蓝天图片抖动效果。用同样的方法，调整第 33 帧的图片再向前旋转一些，如图 3.60 所示。第 36 帧的图片和第 30 帧相同。注意，第 36 帧也可以采用将第 30 帧复制

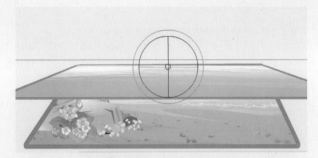
图 3.58　调整"蓝天"图层中心点

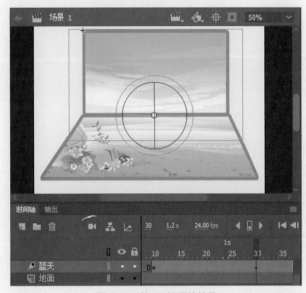
图 3.59　第 30 帧图片效果

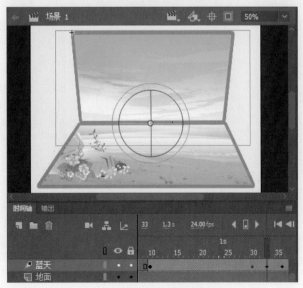
图 3.60　第 33 帧图片效果

图 3.61　摆放 "山峰" 元件

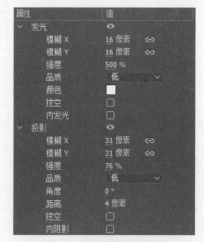

图 3.62　山峰滤镜参数设置

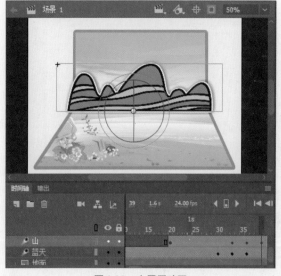

图 3.63　山展开动画

帧过来的方法来完成。

任务二：制作山展开动画

Step 07 舞台中添加 "山峰" 元件。新建图层 "山"，在第 20 帧处插入关键帧，从库面板中把 "山峰" 影片剪辑元件放入舞台，并调整好元件的大小和位置，如图 3.61 所示。

Step 08 为 "山峰" 元件实例添加滤镜。选中元件，在属性面板为其添加 "发光" 滤镜，发光颜色为 "白色"，模糊为 "16 像素"，强度为 "500%"；再次为其添加 "投影" 滤镜，模糊为 "31 像素"，强度为 "76%"，角度为 "0°"，参数设置如图 3.62 所示。

Step 09 制作山展开动画。在 "山" 图层的第 20 帧处创建补间动画，并用 3D 旋转工具将山调整为几乎不可见，用与蓝天展开动画相似的方法分别在第 33 帧将山展开，在第 36 和第 39 帧处调整山的抖动效果，如图 3.63 所示。

任务三：制作小草展开动画

Step10 在"山"图层上面添加新图层"小草"，在第 29 帧处插入关键帧，从库面板中把"小草"影片剪辑元件放入舞台右侧，并调整好元件的大小和位置。

Step11 用与制作山展开动画同样的方法在第 29 至第 40 帧之间制作小草展开动画，在第 43 和第 46 帧处制作展开后抖动效果，如图 3.64 所示。

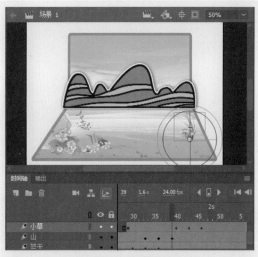

图 3.64　小草展开动画

任务四：制作向日葵展开动画

Step12 制作向日葵 1 展开动画。新建"向日葵 1"图层，用与小草展开同样的方法在第 37 至第 57 帧之间制作向日葵 1 展开以及抖动的效果，如图 3.65 所示。

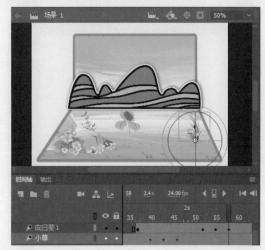

图 3.65　向日葵 1 展开动画

Step13 制作向日葵 1 旋转动画。将播放头置于第 81 帧处，用 3D 旋转工具绕 Y 轴向右旋转向日葵至如图 3.66 所示效果。在第 105 帧使向日葵朝向屏幕。

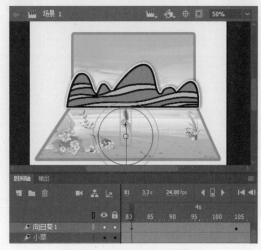

图 3.66　向日葵 1 第 81 帧效果

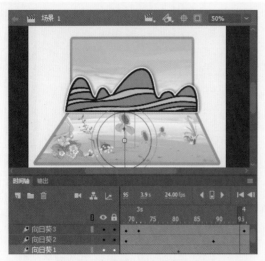

图 3.67　向日葵 2 和向日葵 3 动画

图 3.68　太阳出现动画

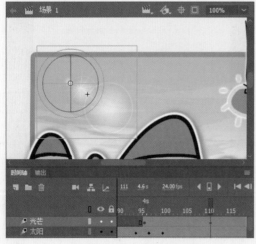

图 3.69　第 111 帧光芒效果

Step14 新建两个图层，分别命名为"向日葵 2"和"向日葵 3"。用与向日葵 1 展开同样的方法制作向日葵 2 和向日葵 3 的动画，向日葵的大小、位置和旋转角度自己调整即可。制作时，可让它们出现的时间不一致，这样动画效果会更加自然，如图 3.67 所示。

任务五：制作太阳出现动画

Step15 新建图层"太阳"，在第 72 帧处插入关键帧，把"太阳"元件放置在舞台右上方，同时创建补间动画。

Step16 将播放头置于第 94 帧处，用 3D 平移工具将"太阳"绕 Y 轴向下移动至山的上方，在第 97 帧再上移一些，在第 100 帧再次下移一些，从而完成太阳出现的动画，如图 3.68 所示。

任务六：制作光芒变换动画

Step17 新建图层"光芒"，在第 96 帧处插入关键帧，把"光芒"元件放置在舞台左侧山峰上方，调整好大小后创建补间动画。

Step18 在属性面板将第 96 帧元件的透明度调整为"0"。

Step19 在第 111 帧调整光芒的透明度为"100%"，同时将其绕 Z 轴向右上旋转一定角度，如图 3.69 所示。

Step20 在第 128 帧将光芒向左下旋转一定角度，同时调整该帧光芒的透明度为"83%"，形成光芒闪动动画。

Step21 在第 145 帧再次将光芒向右上旋转一定角度，并将其透明度调整为"100%"。至此，动画制作完成。

3.6　项目九：引导动画——下雪效果

下雪效果重点知识讲解

3.6.1　项目介绍

雪是自然界中一种常见的自然现象，受到风的影响，雪花飘落的路径往往是曲线的。本项目将通过下雪效果的实现讲解引导动画的制作技巧，动画效果如图 3.70 所示。

我想学到什么

不能忘的关键词

我要得到什么

坚持做完才有收获

☐　成果打卡

DAY

图 3.70   下雪效果动画展示

3.6.2 引导动画原理

引导动画指制作对象沿着一定路径进行变换的动画。该动画至少包含两层，上层为引导层 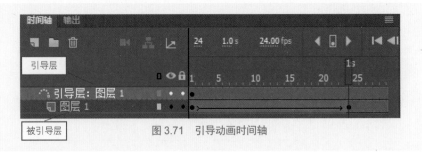，用来绘制对象运动的路径，下层为被引导层 ，一般用传统补间动画制作对象的位移动画，如图 3.71 所示。需要注意的是，引导层中的引导线必须为矢量线条，且必须有两个端点，中间不能断开。

图 3.71   引导动画时间轴

☆ 提示

引导层的图标如果是 ✕，则表示当前层是引导线层，但动画无法按照引导线的路径移动，此时需要拖动被引导层至该图层下方，即可将引导线层 ✕ 变换为引导层 。

要制作引导动画，可以先把被引导对象放置于单独一层上，然后在该层上单击鼠标右键，从弹出的快捷菜单中选择"添加传统运动引导层"命令，即可添加一层引导层，在引导层上，可以绘制引导路径。接下来，在被引导层上调整起始和结束两帧中的对象分别位于引导线的两个端点，再创建传统补间动画即可。

引导动画的属性面板有"调整到路径"、"沿路径着色"和"沿路径缩放"三个选项，分别介绍如下。

- 调整到路径：如果像汽车等对象在沿引导线移动时，需要时时调整其运动方向，可在制作好引导动画后，在属性面板中勾选"调整到路径"选项。
- 沿路径着色：如果引导路径是有颜色变化的，则当选中"沿路径着色"选项后，对象在运动过程中的颜色会随着路径颜色变化而变化。
- 沿路径缩放：如果引导路径是有宽度变化的，则当选中"沿路径缩放"选项后，对象在运动过程中会随着路径宽度的变化而产生缩放变化。

如图 3.72 所示为同时选中了"调整到路径"、"沿路径着色"和"沿路径缩放"三个选项后，小球在运动过程中的变化情况。

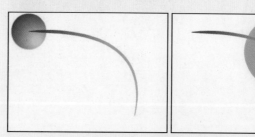

图 3.72　引导动画属性选项示例

☆ 提示

为了保证对象能够吸附到引导线的端点上，可以在工具箱中选中"贴紧至对象" 🧲 按钮后再进行调整。

3.6.3 项目实战

任务一：绘制雪花元件

Step 01 新建 640 像素 ×480 像素文件，帧频为 24fps，设置舞台背景颜色为深蓝色。

Step 02 按【Ctrl+F8】快捷键新建"雪花"图形元件，在元件编辑窗口的中心位置绘制一个粗细为 2 像素的白色短直线。

Step 03 选中该直线，按【Ctrl+K】快捷键打开对齐面板，选中"与舞台对齐"复选框，然后分别单击"水平中齐"和"垂直中齐"按钮，如图 3.73 所示，此时线条位于元件编辑窗口的中心位置。

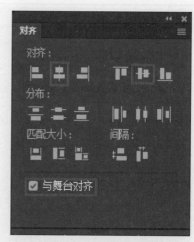

图 3.73　"对齐"面板设置

Step 04 用任意变形工具选中该直线，按【Ctrl+T】快捷键打开变形面板，输入旋转角度为"60 度"，单击"重置选区和变形"按钮，将其旋转复制一圈，如图 3.74 左图所示。然后用"线条"工具在其上绘制出雪花的纹理，如图 3.74 右图所示。

图 3.74　雪花元件放大 4 倍后效果

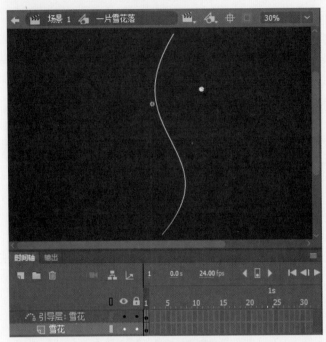

图 3.75　绘制 S 形引导线

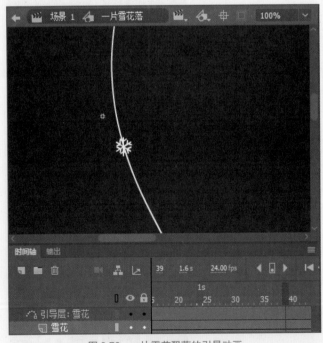

图 3.76　一片雪花飘落的引导动画

任务二：制作雪花循环飘落动画

Step05 制作一片雪花飘落的动画。按【Ctrl+F8】快捷键新建"一片雪花落"图形元件，将"图层_1"重命名为"雪花"，从库面板中把刚绘制的"雪花"元件拖曳到舞台中。

Step06 在"雪花"图层上单击鼠标右键，从弹出的快捷菜单中选择"添加传统运动引导层"命令，即可在"雪花"层上添加一个引导层。用线条工具在引导层上绘制一条稍长一些的直线，建议要超出舞台的高度，然后用选择工具将直线调弯，接下来，用部分选取工具将直线调整成如图 3.75 所示的 S 形曲线。

Step07 在引导层的第 120 帧处按【F5】键插入普通帧，在"雪花"图层的第 120 帧处按【F6】键插入关键帧，将选择工具属性区的"贴紧至对象"按钮打开，调整第 1 帧和第 120 帧的"雪花"元件分别位于引导线的上下两个端点处，在"雪花"图层的第 1 至第 120 帧之间创建传统补间动画。此时，一片雪花飘落的引导动画制作完成，如图 3.76 所示。

Step08 制作雪花循环落下的动画。按【Ctrl+F8】快捷键新建"雪花循环"图形元件，将"图层_1"重命名为"雪花1"，从库面板中把"一片雪花落"元件拖曳到舞台中，在第120帧处插入普通帧。

Step09 新建3个图层，分别重命名为"雪花2"、"雪花3"和"雪花4"。选中"雪花1"图层的第1帧，按住【Alt】键的同时拖动该帧至"雪花2"图层的第1帧上，即可复制该帧。同理，将该帧分别复制到"雪花3"和"雪花4"图层的第1帧上，如图3.77所示。

Step10 单击选中"雪花2"图层的雪花元件，调整属性面板中的"循环"属性，设置"选项"为"循环"，"第一帧"选择"30"，如图3.78所示，即设置"雪花2"图层的雪花元件从第30帧开始播放。

Step11 同理，设置"雪花3"图层的雪花元件从第60帧开始播放，"雪花4"图层的雪花元件从第90帧开始播放。此时，可以看到，4个图层的雪花元件在S形曲线路径上均匀排列且能够循环飘落，如图3.79所示。

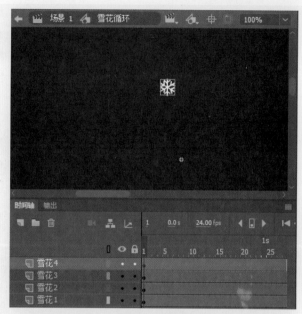

图 3.77　复制帧

图 3.78　调整循环起始帧

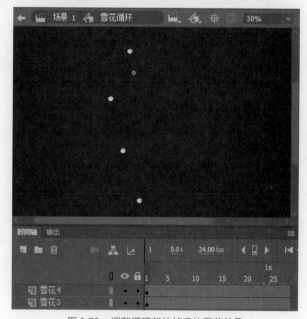

图 3.79　调整循环起始帧后的雪花效果

图 3.80　场景中雪花效果

图 3.81　团状雪花飘落动画效果

任务三：调整场景中雪花飘落效果

Step12 返加场景中，按【Ctrl+R】快捷键导入素材文件夹中提供的"雪花"图片，并将其调整到与舞台边缘对齐，在该层的第 120 帧处按【F5】键插入普通帧。

Step13 新建图层，从库面板中把"雪花循环"元件分多次拖曳到舞台上，按照雪花近大远小的规律，对它们进行不同程度的缩放和水平翻转，调整好其大小和位置，制作好的效果如图 3.80 所示。

Step14 由于现实中的雪花经常是成不规则的团状飘落的，因此若想修改动画效果，只需进入"雪花"元件中，将瓣状的雪花删除，重新绘制一个团状的雪花。此时按【Ctrl+Enter】快捷键测试动画，会发现所有的雪花均变成了团状，如图 3.81 所示。

3.7　项目十：遮罩动画——小桥流水

小桥流水重点知识讲解

3.7.1　项目介绍

　　水纹效果是 AN 动画中比较典型的特效，是用遮罩动画来实现的。本项目结合小桥流水案例的制作，讲解遮罩动画的制作技巧及影片剪辑元件混合模式的使用。项目效果如图 3.82 所示。

我想学到什么

不能忘的关键词

我要得到什么

坚持做完才有收获

成果打卡

DAY

图 3.82　小桥流水动画效果展示

3.7.2　遮罩动画原理

遮罩动画是比较特殊的一种动画，可以实现很多漂亮的效果。遮罩动画包含两层，上层为遮罩层 ▣，下层为被遮罩层 ▣，如图 3.83 所示。遮罩层和被遮罩层均可绘制图形或制作动画，但遮罩层中的对象类似于一个窗口，被遮罩层中的内容会通过遮罩层中的对象形状显示出来。

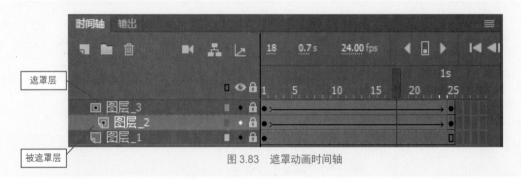

图 3.83　遮罩动画时间轴

要制作遮罩动画，可先将两层动画均制作完成，然后在上面的图层上单击鼠标右键，在弹出的快捷菜单中选择"遮罩层"命令即可。但要注意的是，遮罩层的图形不能是线条，如果由于动画需要必须绘制成线条，则必须通过"修改"→"形状"→"将线条转换为填充"菜单命令，将线条转换为填充图形后，遮罩动画才能够正常显示。

☆ 提示

制作完成的遮罩动画，遮罩层和被遮罩层均会处于锁定状态，此时看到的才是遮罩动画效果。在编辑时，需要解除锁定才能对图层进行编辑。

3.7.3 项目实战

任务一：制作场景动画

Step01 新建 640 像素 ×480 像素文件, 帧频为 24fps, 设置舞台背景颜色为浅黄色（#FFFFCC）。

Step02 按【Ctrl+R】快捷键, 将素材文件夹中的"拱桥""荷花""水面""文字""小船""忆江南"素材导入到舞台中。

Step03 依次选中各个素材, 按【F8】键将各个素材分别转换为"桥""荷花""湖水""诗句""船""忆江南"影片剪辑元件, 然后将舞台上除桥外的所有元件实例删除。

Step04 摆放"桥"元件。用任意变形工具调整"桥"元件的大小, 并摆放在合适位置, 如图 3.84 所示。

图 3.84 "桥"元件位置

Step05 用选择工具单击选中舞台中的"桥"元件实例, 调整属性面板中的"显示"属性, 设置其混合模式为"正片叠底", 如图 3.85 所示, 此时, 会发现"桥"元件已经与背景融为一体了。

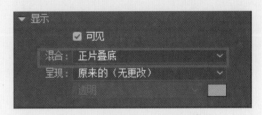

图 3.85 设置"桥"元件混合模式

Step06 摆放"荷花"元件。同理, 将"荷花"影片剪辑元件从库面板中拖放至舞台右下角, 调整好大小后设置其混合模式为"正片叠底", 如图 3.86 所示。

图 3.86 "荷花"元件位置

图 3.87 "忆江南" 文字位置

图 3.88 "船" 元件位置

图 3.89 小船摇晃动画

Step 07 摆放 "忆江南" 文字。用与 "荷花" 元件同样的方法摆放 "忆江南" 文字，如图 3.87 所示。

Step 08 摆放 "船" 元件。将 "船" 影片剪辑元件从库面板中拖放至舞台左下角，调整好大小后设置其混合模式为 "正片叠底"，如图 3.88 所示。

Step 09 制作 "船" 摇晃动画。在舞台中双击 "船" 元件，进入元件的编辑窗口，选中 "船" 图片，按【F8】键将其转换为 "小船" 图形元件。

Step 10 用任意变形工具将中心点调整到小船底部，然后稍向左旋转一些，分别在第 40 和第 80 帧处按【F6】键插入关键帧，将第 40 帧的小船稍向右旋转一些，在第 1 至第 80 帧之间创建传统补间动画，如图 3.89 所示。

任务二：制作水纹效果动画

Step 11 在库面板中双击"湖水"影片剪辑，进入元件的编辑窗口，将"图层_1"重命名为"水1"，在第100帧处按【F5】键插入普通帧。选中舞台中的图片对象，按【Ctrl+B】快捷键，将图片打散，用选择工具框选上半部分，将其删除。

Step 12 新建图层"水2"，把"水1"图层的第1帧复制到"水2"图层的第1帧上。

Step 13 在"水2"图层上新建图层"line"，用线条工具在舞台中绘制粗细为4像素的直线，颜色任意，按住【Alt】键的同时拖曳线条，将线条不断向下复制，使其高度超出水面，如图3.90所示。

Step 14 选中所有线条，选择"修改"→"形状"→"将线条转换为填充"菜单命令，将线条转换为填充图形，并将该帧中的所有线条转换为图形元件"line"。

Step 15 调整第1帧的"line"元件下端与水面下端对齐，在第100帧处插入关键帧，调整"line"元件上端与水面上端对齐，在第1至第100帧之间创建传统补间动画，在"line"层上单击鼠标右键，从弹出的快捷菜单中选择"遮罩层"命令，即可创建一个遮罩动画，如图3.91所示。

Step 16 将"水1"图层的图片用光标键向下移动1像素，按【Enter】键即可看到水面已经动了起来。

Step 17 返回场景中，将"湖水"影片剪辑从库面板中拖曳到舞台上，调整好大小后设置其混合模式为"正片叠底"，然后利用右键快捷菜单中的"排列"命令，将"船"和"荷花"元件实例移至顶层，此时的画面效果如图3.92所示。

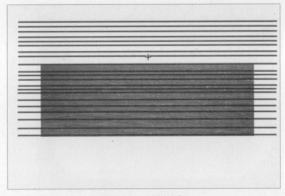

图3.90 绘制线条

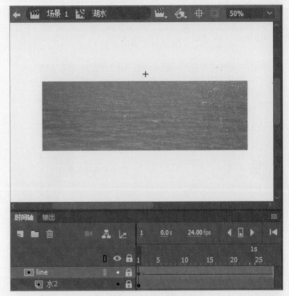

图3.91 水纹遮罩动画

图3.92 摆放"湖水"元件

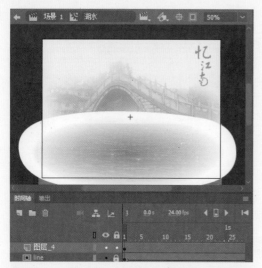

图 3.93 椭圆渐变填充效果

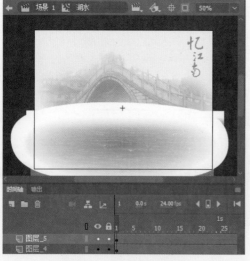

图 3.94 矩形渐变填充效果

图 3.95 "湖水"元件效果

Step18 隐藏湖水边缘。从舞台中双击"湖水"影片剪辑元件,进入元件编辑窗口中。新建图层,利用椭圆工具绘制一个和湖水差不多大的椭圆,并为其填充透明到白色的径向渐变,用渐变变形工具调整渐变的填充效果,如图 3.93 所示。

Step19 此时,如果湖水上边缘还是不够模糊,可以再增加一个新图层,用矩形工具沿上边缘绘制一个矩形,为矩形填充从上到下白色到透明色的线性渐变,如图 3.94 所示。

Step20 返回场景中,此时场景中的画面效果如图 3.95 所示,湖水的边缘被完美地隐藏了起来。

任务三：制作诗词动画

Step21 将"诗句"影片剪辑元件拖曳到舞台中合适的位置并调整其大小，设置其混合模式为"正片叠底"，如图 3.96 所示。

Step22 双击"诗句"元件，进入元件的编辑窗口，将"图层_1"重命名为"txt"，在第 140 帧处按【F5】键插入普通帧。

图 3.96　"诗句"元件位置

Step23 新建图层"zz"，用"矩形工具"在文字右侧绘制一个矩形，如图 3.97 所示。

图 3.97　绘制矩形遮罩

Step24 在第 90 帧处按【F6】键插入关键帧，用任意变形工具调整矩形缩放，使其覆盖整个文字，在第 1至第 90 帧之间创建形状补间动画，如图 3.98 所示。

Step25 至此，动画制作完成，按【Ctrl+Enter】快捷键测试动画，即可看到动画效果。

> ☆ 提示
>
> 在本动画中，因为用的都是影片剪辑元件，故场景中只有 1 帧，且都放在一个图层上即可。在制作过程中需要预览动画时，必须按【Ctrl+Enter】快捷键才能看到最终动画效果。

图 3.98　文字遮罩动画

3.8 \ 项目十一：骨骼动画——骨骼应用

骨骼应用重点知识讲解

3.8.1 项目介绍

骨骼动画是 AN 中比较特殊的一种动画类型，它是基于反向运动（IK）的一种使用骨骼的有关结构对一个对象或彼此相关的一组对象进行动画处理的方法。使用骨骼工具创建动画后，元件实例和形状对象可以按照复杂而自然的方式进行变化。在一些想要表现如弹簧的弹性运动等的复杂动画中，利用骨骼动画来实现有着不可比拟的优势。本项目重点讲解骨骼动画的基本应用，动画效果展示如图 3.99 所示。

👁 我想学到什么

📝 不能忘的关键词

📖 我要得到什么

🌿 坚持做完才有收获

☐ 成果打卡

DAY

图 3.99　骨骼应用动画效果展示

3.8.2　骨骼动画原理

　　我们可以为元件实例或形状添加骨骼，添加好的骨骼链称为骨架，骨架中的骨骼彼此相连，骨骼之间的连接点称为关节。一旦添加骨骼后，AN 会自动将元件实例或形状及关联的骨架移动到新的姿势图层中。需要注意的是，骨骼联动必须是两个以上的对象才可以完成的。每个姿势图层只能包含一个骨架及其关联的实例或形状，姿势图层的时间轴是绿色的。

　　添加好骨骼后，可以用选择工具移动骨骼，与骨骼相关联的元件实例或形状会跟着移动。骨骼分为两种：柔性骨骼和刚性骨骼，如图 3.100 左图所示是为小草添加柔性骨骼后的效果，拖动骨骼可以使叶子产生摆动效果；如图 3.100 右图所示是为人物添加刚性骨骼后的效果。若要删除某个骨骼，单击选中该骨骼并按【Delete】键即可。

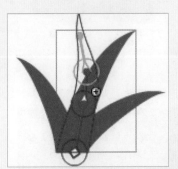
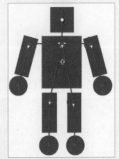

图 3.100　骨骼应用示例

3.8.3　项目实战

任务一：挖掘机动画

　Step01 打开"挖掘机动画素材"文件，将其另存为"挖掘机动画"。

　Step02 利用"骨骼工具"为挖掘机添加如图 3.101 所示的骨骼。

　Step03 在两个图层的第 75 帧处同时按【F5】键插入普通帧。

图 3.101　添加骨骼

图 3.102　第 25 帧效果

图 3.103　第 49 帧效果

Step 04 将播放头置于第 25 帧处，用选择工具调整骨骼至如图 3.102 所示效果。

Step 05 将播放头置于第 49 帧处，用选择工具调整骨骼至如图 3.103 所示效果。

Step 06 将第 1 帧的姿势复制到第 75 帧处，动画制作完成。

> ☆ 提示
>
> 在调整骨骼时，如果出现位置不正确的情况，则可以直接用方向键移动元件位置至正确处。

任务二：小猴荡秋千动画

Step 07 打开"小猴荡秋千素材"文件，将其另存为"小猴荡秋千"。

Step 08 从库面板中将"monkey"和"虚拟物体"元件拖曳至舞台中，排列好位置，如图 3.104 所示。

图 3.104　摆放元件位置

Step 09 用骨骼工具从虚拟
物体至猴子处绘制一个骨骼，
如图 3.105 所示。

图 3.105　添加骨骼

Step 10 单击选中骨骼，
调整第 1 帧猴子的位置如
图 3.106 所示。

图 3.106　第 1 帧猴子位置

图 3.107　第 5 帧猴子位置

图 3.108　设置弹簧参数

Step11 将播放头置于第 5 帧处，调整此时猴子的位置，如图 3.107 所示。

Step12 选中骨骼，调整属性面板中的"弹簧"属性，设置强度为"86"，阻尼为"36"，如图 3.108 所示。

Step13 用选择工具来回拖曳播放头几次，猴子自己荡了起来，按【Ctrl+Enter】快捷键测试动画后发现，猴子的摆动幅度会越来越小，直至停下。

3.9　本章小结

　　本章重点介绍了逐帧动画、形状补间动画、传统补间动画、摄像机动画、补间动画、引导动画及遮罩动画的原理及制作技巧，大家在进行动画制作时可以根据实际需要选择和综合运用，从而完成精美的动画作品。同时，这些动画制作技巧也是进行角色动作调整的基础。

第4章 动画规律应用

学习目标:

- 掌握动画运动基本规律;
- 学会使用挤压、拉伸等规律完成动画制作;
- 掌握角色走、跑、跳的制作方法;
- 熟练掌握多层多帧操作方法以提高动画制作效率。

本章导读:

在人们的日常生活中,有许许多多的自然运动,如跑步、走路、跳跃等,这些都是人们的自然的身体反应,而我们在动画中用来刻画各个角色时所需要借助的运动规律也都来源于人们的自然运动。本章将结合运动规律理论知识,为读者讲解如何在 AN 软件中完成角色表情、走跑跳动作动画效果的制作。

4.1 动画运动基本规律

在动画设计过程中,动作表现是角色表现的关键,角色的动作设计者要充分把握运动规律,再加以夸张变形,使得动画生动逼真,深入人心。

本节介绍动画运动规律的基础知识和在 AN 中的应用,通过简单的案例,使得读者掌握力学、物理知识融合在动画中的表现,掌握物体基本运动规律,学会制作角色动画,了解动画的魅力所在。常见的动画运动规律主要包括研究时间、空间、速度的概念及彼此之间的相互关系,当然,为了动画更具表现力,在设计时也要适时地使用夸张和变形来增添动画的效果。

4.1.1 挤压与拉伸

用图画的变化方式表现一个物体的移动,但形体不会发生改变,这时动作就会显得僵硬。在现实生活中,像铅球、桌椅、汽车等坚硬的物体在运动时我们不能看到它们在运动中的形变,但有生命的物体做每一个动作都会表现出很丰富的形态,比如为了让角色面部表情刻画得更细腻,表现得更具生命力,我们会对唇部和眼部等细节进行细致的刻画和适当的挤压、拉伸,否则动画就会显得很僵硬。

皮球从空中落下,由于自身的重力与地面的反作用力,在下落着地时产生弹跳运动,皮球与地面接触时,由于受到撞击,从而产生挤压后的变形,也就是形态上的"挤压"和"拉伸",如图 4.1 所示。如图 4.2 所示为动画角色表情的挤压与拉伸。

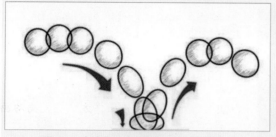

图 4.1　皮球在弹跳过程中的挤压与拉伸

图 4.2　表情的挤压与拉伸

4.1.2　时间与间距

时间主要是物体完成动作所需要的时间，动画师在想好某个动作后，一边做动作，一边用秒表测量时间；对于无法做出的高难度动作，可以适当用手做一些比拟动作来确定做完每个动作所需要的时间；对于不太熟悉的动作，可以采用拍摄动作参考片的方式，先把动作记录下来，然后计算动作在帧上所占用的长度和时间。

间距就是物体中心运动时上一帧和下一帧之间的位置距离。从间距可以看出一个物体运动的快慢，以及物体是匀速运动还是变速运动。通常情况下如果间距很小，说明这个物体运动得比较慢；如果间距很大，则说明这个物体运动得比较快；如果间距是相等的，则说明这个物体在做匀速运动。当然，这不是个绝对的概念。

在角色动作设计上，一方面要依靠动画师长期地观察现实生活中的各种动作，抓住动作的精髓和特征点，学会表现动作中的关键姿势；另一方面动作只有通过节奏（时间）的控制，才能展现出生动逼真的效果。一个动作的完成，除动作本身的姿势外，还有就是完成这个动作需要多长的时间及动作完成过程中速度的变化，如图 4.3 所示。因此，动画中时间与间距的表现就是解决这个问题的关键，就如著名动画师格林姆纳特威克所说的"动画中时间与间距就是一切"。

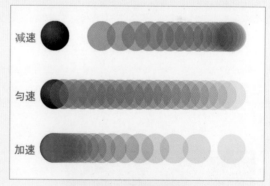

图 4.3　时间与间距

4.1.3　预备与缓冲

在动作的开始，与运动方向相反的动作称为预备动作；在动作的结尾，与运动方向相反的回复动作，或者在动作的尾声开始减速的动作，称为缓冲动作。在设计一套动作时，如果能充分强调开头和结尾处的回复动作，既可以消除动作启动时的突然感，同时还可以改变原来平直的运动轨迹线，使得整套动作更加流畅。

预备和缓冲是修饰动作的两个重要组成部分，是动作设计中最常见也是最有效的。灵活地使用预备和缓冲来设计角色的动作，能有效地避免角色动作的生硬和死板，使得角色动作

图 4.4　预备与缓冲

具有流畅感。例如，如图 4.4 所示"拍苍蝇"的中间动作即为预备动作。

4.1.4　基本规律在动画中的应用

在下面这个龙猫弹跳案例中，我们通过制作龙猫的弹跳动作，感受"挤压与拉伸"、"时间与间距"和"预备与缓冲"在动画中的应用，效果如图 4.5 所示。

图 4.5　基本规律应用举例

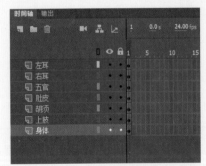

图 4.6　基本规律应用举例

Step01 新建角色动画文档，宽为 640 像素，高为 480 像素。参照素材库中的龙猫图片，按龙猫肢体及五官绘制各图层的内容。注意，这里龙猫的上肢手臂是用笔触为 42 的直线绘制的，然后用宽度工具调整至理想状态。各图层具体编排如图 4.6 所示。

Step02 将龙猫的"左耳"
"右耳""五官""肚皮"这
四个图层的内容转换成图形元
件，并依次命名为"左耳""右
耳""五官""肚皮"，为接下
来制作传统补间动画做准备，
如图 4.7 所示。"胡须""上
肢""身体"图层的内容均为
打散的图形，需要用形状补间
动画来完成。

图 4.7　分层拆分元件

Step03 将"左耳"和"右耳"
元件的编辑中心点调整至耳根
位置，将"肚子"元件的编辑
中心点调整至上端居中位置，
其他元件默认，如图 4.8 所示。

图 4.8　调整元件编辑中心点

Step04 在这里，我们要运
用龙猫身体的变形制作出生动
的动画效果。首先，将龙猫
的身体想象成一个弹性较大
的球，调整出这个"球"触
地反弹后被拉伸的效果。按
【Ctrl+Shift+Alt+R】快捷键打
开标尺，拖出参考线，如图 4.9
所示。

图 4.9　打开标尺

图 4.10　变形并移动

图 4.11　耳朵变形

图 4.12　肚子变形

Step05 在各个图层的第10帧处设置关键帧，框选舞台中的龙猫，也就是同时选中各个图层中的内容，用任意变形工具（快捷键【Q】），将龙猫纵向拉伸，再将其整体向上移动约50像素，如图4.10所示。

Step06 龙猫起跳时因受重力影响，两只耳朵会有动作的缓冲，在"左耳"图层和"右耳"图层的第10帧处，将"左耳""右耳"元件分别向两侧旋转一点，如图4.11所示。读者可以尝试添加更多细节的制作，例如制作龙猫的胡须受重力影响产生的缓冲动作。

Step07 将龙猫的肚子拉长，如图4.12所示。

Step08 将龙猫的两只手臂抬起。先使用选择工具的变形功能，将手臂变弯曲，再使用宽度工具，把手臂加粗一些，如图4.13所示。

图 4.13　手臂变形

Step09 在"胡须""上肢""身体"图层的第1至第10帧之间创建补间形状动画，在"肚皮""五官""左耳""右耳"图层的第1至第10帧之间创建传统补间动画，如图4.14所示。

由于起跳和下落过程中受重力影响，这两段动画的速度是不同的，也就是说帧与帧的间距是有所不同的，所以接下来要调整动画的曲线，来体现速度的不同。

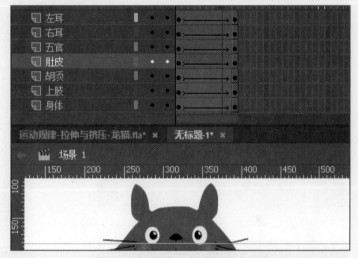

图 4.14　创建补间形状动画及补间动画

Step10 将所有图层的第1帧选中，按【Alt】键的同时，将其拖曳到第20帧中，即复制至第20帧上。按第9步的要求创建第10至第20帧之间的补间动画。在第1至第10帧的补间动画上设置缓动曲线形态，如图4.15所示。

图 4.15　调整动画曲线（1）

图 4.16　调整动画曲线（2）

Step 11 在第 10 至第 20 帧的补间动画上设置缓动曲线形态，如图 4.16 所示。

图 4.17　添加背景

Step 12 添加背景图片，完成背景层的制作，如图 4.17 所示。

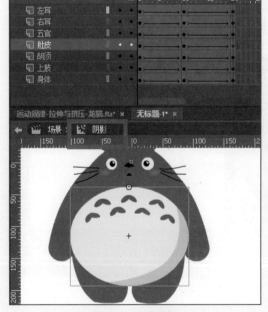

图 4.18　制作阴影

Step 13 制作阴影。将场景中除背景以外的所有图层上的所有帧同时选中，单击鼠标右键，在弹出的快捷菜单中选择"复制帧"命令。新建影片剪辑类型元件，命名为"阴影"。在"阴影"元件中粘贴帧，如图 4.18 所示。

Step14 按快捷键【Ctrl+E】
从"阴影"元件返回场景中。
新建"阴影"图层，将"阴影"
元件拖曳至舞台中，使用任意
变形工具将它缩放、倾斜，效
果如图 4.19 所示。

图 4.19　编辑阴影

Step15 选中"阴影"元件，
调整属性面板中的"色彩效果"
属性，设置"亮度"为"−80%"，
再添加滤镜中的"模糊"效果，
设置为"30 像素"，品质为"中"，
效果如图 4.20 所示。

图 4.20　调整阴影效果

Step16 至此，应用挤压和
拉伸规律的龙猫弹跳动画制作
完成，效果如图 4.21 所示。

图 4.21　最终效果

4.2 项目十二：《福彩》角色表情
——翠花表情动画

表情动画重点知识讲解

4.2.1 项目介绍

动画运动规律是一种兼具艺术表现性和技术操作性的艺术表现形式，本节通过项目制作使读者从理论上理解动画运动规律，再从实践中培养运用动画运动规律进行欣赏和创作的能力。所谓"喜怒形于色"，就是说人的喜悦、愤怒等情绪都能在脸上显露出来。在动画中，角色的表情可以表现出其隐微细腻的心理，但是由于各种表情组织复杂，变化繁多，设计制作起来稍有难度。

我想学到什么

不能忘的关键词

我要得到什么

坚持做完才有收获

☐　成果打卡

DAY

4.2.2　表情的运动规律

1. 表情要素

表情基本要素的主次顺序依次是：眼睛、眉毛、嘴巴、耳朵、脖子。这些要素如何在动画中展示重要性呢？它们将怎样通过表达的感情与观众沟通呢？

眼睛是心灵的窗口，我们在与他人交流时，往往是通过对方的眼睛来捕捉对方此刻的心理状态的。当一个角色以特写镜头出现在屏幕上时，我们也会首先盯住他的眼睛，然后再看周边，比如嘴上的情绪线索等。

眉毛几乎和眼睛一样重要，因为眉毛明确了眼睛试图诉说的内容与情绪。在制作时，也要考虑到，眉毛离眼睛最近，眼睛的所有动作都会影响眉毛的形状与位置。

嘴是仅次于眉眼的器官，为了更加富于变化，我们可以尝试一些不同的嘴部效果，会得到不同的情绪表达，所以，嘴可以辅助眼睛传递更准确的情绪。例如，相同的眼部表情，加上合适的且不同的嘴部形状，就会表达出稍微（或非常）不同的情绪，如图 4.22 所示。

图 4.22　嘴部的情绪表达

虽然脖子不是脸的一部分，但脖子的倾斜动作的确可以增强姿势的表现力。而且，我们在说话时习惯地点头、歪头，这种动态的角度的变换，能够更清楚、更强烈地传达角色的思想和情感。例如，仰头（昂首）代表骄傲、快乐、得意；直头代表年轻、勇敢、有精神、有主张；低头代表羞怯、胆小、忧郁、衰弱、悲哀、投降；扭头代表拒绝、倔强、不合作、不以为然；歪头代表羞怯、嘲弄、否认；头不动但颈部肌肉紧张可表达出敌意、粗横、残忍。

2. 常见表情

动画角色的表情刻画，要从角色性格、具体情节出发，抓住面部有代表性的结构与线条，即表情线，对五官进行归纳、概括与夸张，来表达角色的面部表情与特征。动画片中角色的表情不可能像日常生活中的表情那样细腻、微妙，所以，本节只列举了以下几种典型的表情，表现这些表情时，要注意表情线的特点。

1）欢笑

不论是表现微笑还是大笑，都要注意笑的表情线的特点，然后再对五官进行归纳、夸张。动画角色在微笑时，一般嘴巴不张开，可以用一根嘴角向上的线条来表现；大笑多画成嘴角向上翘起的张开的大嘴，眼睛画成紧闭状。对五官的夸张幅度要符合剧情的要求，脸部的外形也应与表情的变化同步进行拉伸、缩短等变化，如图 4.23 所示。

图 4.23　人物欢笑表情

2）愤怒

愤怒时五官的造型会发生很大的变化，如眉头皱起、双目圆睁、口角向下等，在此基础上，再画一些辅助线，就能生动地表达愤怒的情绪，如图 4.24 所示。

图 4.24　人物愤怒表情

3）悲哀

悲哀时五官的造型会发生很大的变化，从眉头、双眼和口角等部位均呈现下挂状，在此基础上对五官进行适当的刻画即可，如图 4.25 所示。

图 4.25　人物悲哀表情

4）吃惊

吃惊时，眼睛会瞪得圆圆的，黑眼珠缩小，眉毛高高地飞起在额头的上端，嘴巴可向下移，脸的下端被拉长，如图 4.26 所示。

图 4.26　人物吃惊表情

4.2.3　项目实战

本项目主要讲解角色表情的制作，动画效果截取自广告短片《福彩》。这段表情是翠花听到富贵对"快三"的理解后所做出的"嫌弃"表情变化，如图 4.27 所示。

图 4.27　翠花表情

Step 01 按【Ctrl+N】快捷键，新建文档。选择"角色动画"类型，文件大小设置为"1280×720"像素的格式标准。

图 4.28　新建文档

Step 02 按【Ctrl+F8】快捷键，新建元件。命名为"翠花头"，选择"图形"类型，单击"确定"按钮后进入元件的编辑模式，如图 4.29 所示。

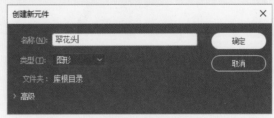

图 4.29　新建元件

图 4.30　编排图层

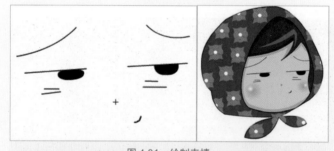

图 4.31　绘制表情

图 4.32　编辑表情元件

Step03 分层编排翠花头部所包括的元件。打开福彩素材源文件，共享其元件库，从元件库中拖出并按如图 4.30 所示编排好"翠花头向右"、"汗滴"和"线条"实例的位置，再将其分散到各图层。

Step04 新增图层，命名为"嫌弃表情"，在该层用线条工具和椭圆工具绘制如图 4.31 所示表情。

Step05 将"嫌弃表情"图层中所绘制的表情全部选中，按【F8】键将其转换成元件，命名为"嫌弃表情"。然后双击这个元件，进入它的编辑模式。把双眉、双眼、两眼上下线条和鼻子分别编排到各自的图层中，分层效果如图 4.32 所示。

Step 06 分别在"左眼"和"右眼"图层完成眼珠转动的动作。在这两层的第 9 帧处均插入关键帧，分别在这两帧中向左调整眼珠的位置，效果如图 4.33 所示。

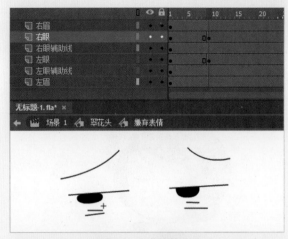

图 4.33 制作表情动画

Step 07 分别在"左眼"和"右眼"图层创建形状补间动画，完成眼珠转动的效果，如图 4.34 所示。

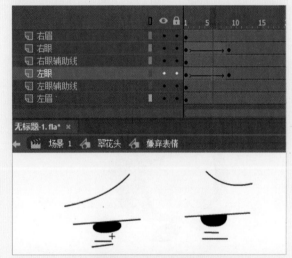

图 4.34 眼珠转动动画

Step 08 返回"翠花头"元件，新增图层，命名为"嘴"。将元件库中的 3 个不同嘴形隔帧插入到时间轴中，完成嘴部动画效果，如图 4.35 所示。

图 4.35 嘴部逐帧动画

图 4.36　制作滴汗动画

图 4.37　制作转头动画

图 4.38　编辑转头后的表情（1）

Step 09 在"汗滴"图层的第 7 帧处插入关键帧，将"汗珠"实例向下移动至黑色线条的末端，在第 1 至第 7 帧之间创建传统补间动画。在第 8 帧处插入空白关键帧。同样，在"线条"图层的第 8 帧处也插入空白关键帧，如图 4.36 所示。

Step 10 在"头"图层的第 10 帧处插入关键帧，将"头"实例水平翻转（选择"修改"→"变形"→"水平翻转"菜单命令），分别在"嫌弃表情""嘴""鼻子"图层的第 10 帧处插入空白关键帧，为接下来的表情变化做准备，如图 4.37 所示。

Step 11 从库中拖出"微笑眼睛""翠花 - 嘴 6""翠花 - 鼻 1"元件分别在"嫌弃表情""嘴""鼻子"图层的第 10 帧中编排好，效果如图 4.38 所示。

Step 12 在"嫌弃表情"图层的第
15 帧处插入空白关键帧。新增"双
眉"和"双眼"图层，在第 15 帧处
均插入关键帧，从库中拖出"双眉"
和"双眼－睁眼"两个元件，分别放
在各自图层的第 15 帧中。此步骤关
键之处在于调整好眉眼的位置，使睁
开眼睛的动作自然，五官不会在脸上
跳动，如图 4.39 所示。

图 4.39　编辑转头后的表情（2）

Step 13 在"双眼"图层的第 20
帧处插入关键帧，单击第 15 帧，将
该帧中的眼睛在垂直方向上尽量缩
小，在第 15 至第 20 帧之间创建传统
补间动画，完成眨眼效果，如图 4.40
所示。

图 4.40　眨眼动画

Step 14 在"嘴"图层的第 30、第
33、第 36、第 39 帧处插入关键帧，
分别放入不同的嘴形，效果如图 4.41
所示。

Step 15 至此，"翠花头"元件的
嫌弃表情、转头动作、微笑表情及说
话动作制作完成。每个动作的时间节
点可以根据肢体动作再次进行拖帧设
置，以配合动作的表现。

图 4.41　嘴部逐帧动画

4.3 项目十三：《福彩》角色走路 ——翠花走路动画

走路动画重点知识讲解

4.3.1 项目介绍

在一部动画作品中，角色走路是最常见、最基本的动作。如何让角色走起来是本项目要解决的主要问题。在掌握了人物行走基本动作的表现方法后，再根据动画角色的性别、年龄、性格状态、生动表演等剧本要求，进行深入细致的刻画，才能将动画创作提升到一个新的高度。本项目将介绍向前走和循环走两种制作技巧。

4.3.2 走路的运动规律

人走路时左右两脚交替向前，双臂同时前后摆动，但双臂的方向与脚正相反。脚步迈出时，身体的高度就降低，当一只脚着地而另一只脚向前移至两腿相交时，身体的高度就升高，整个身体呈波浪形运动。

👁 **我想学到什么**

_____

_____

_____

_____

📝 **不能忘的关键词**

_____

_____

_____

_____

📖 **我要得到什么**

_____

_____

_____

_____

🌾 **坚持做完才有收获**

_____

_____

_____

☐ **成果打卡**

📅 DAY

_____

脚的局部变化在走路过程中非常重要，处理好脚跟、脚掌、脚趾及脚踝的关系会使走路动作更加自然。

除了正常的走姿，不同的年龄、不同的场合及不同的情节，会有不同的走路姿态。常见的有昂首阔步地走、蹑手蹑脚地走、垂头丧气地走、踮着脚走等。

在动画镜头中，走的过程通常有两种表现形式：一种是直接向前走，另一种是原地循环走。直接向前走时，背景不动，角色按照既定的方向一直走下去，甚至可以走出画面。原地循环走时，角色在画面上的位置不变，背景向后拉动，从而产生向前走的效果。画一套循环走的原动画可以反复使用，用来表现角色长时间的走动，如图 4.42 所示。

正侧走

图 4.42　人物侧走动作分解图

4.3.3　项目实战

本项目主要讲解角色走路动作的制作，走路动作有两种制作方法，分别是直接向前走和循环走。本案例效果是翠花侧面走，如图 4.43 所示，在此将分别详细介绍制作两种走路动作的操作步骤。

图 4.43　翠花侧走效果

图 4.44 新建文档

图 4.45 打开"翠花走素材"文件

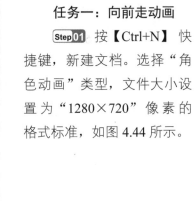

任务一：向前走动画

Step 01 按【Ctrl+N】快捷键，新建文档。选择"角色动画"类型，文件大小设置为"1280×720"像素的格式标准，如图 4.44 所示。

Step 02 打开"翠花走素材"文件，共享其元件库，从元件库中拖出"翠花侧面"到舞台中，双击该实例，进入"翠花侧面"元件的编辑模式，开始制作向前走动画，如图 4.45 所示。

☆ **提示**

可以直接使用"翠花走素材"完成向前走动画的制作。

Step03 按【Ctrl+Alt+Shift
+R】快捷键打开标尺，拖出
水平参考线至翠花脚底，避免
翠花在走路时忽高忽低。再分
别拖出两条垂直参考线至翠
花的前脚尖和后脚尖处，量出
翠花迈一步的距离，如图 4.46
所示。

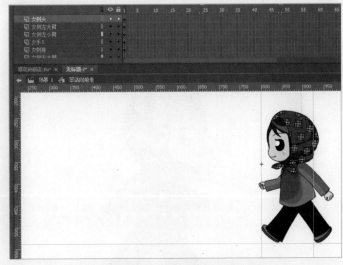

图 4.46　拖出地面参考线和垂直参考线

Step04 再拖出两条垂直参
考线，与翠花一步长等距离放
置，规划出翠花向前走两步的
距离，如图 4.47 所示。

图 4.47　规划两步距离

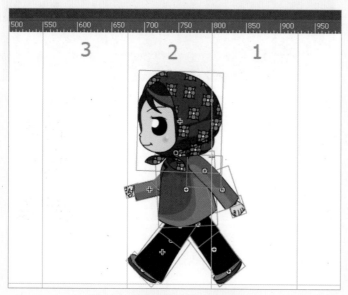

图 4.48　按步长移动翠花至 2 号格子

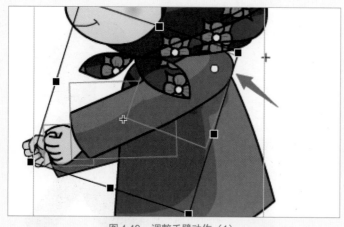

图 4.49　调整手臂动作（1）

Step05 在此元件中所有图层的第 13 帧处插入关键帧，此时，框选舞台上所有图层的实例，将翠花各部位都选中。按住【Shift】键的同时，向前移动翠花至 2 号格子，使翠花的前脚尖与参考线对齐贴紧，如图 4.48 所示。

☆ 提示

（1）元件在库中被称作"元件"，拖到舞台中被称作"实例"；
（2）角色动画调整动作时多会采用多层多帧同时操作，即同时选中要编辑的帧进行拖动的方法。水平拖动可选中同层中的若干帧，垂直拖动可选中若干层上的同一帧。

Step06 在第 13 帧上，将翠花四肢动作调整成与第 1 帧中相反的动作方向。例如，她的左手在第 1 帧基础上调整成向前摆，摆动幅度参照她在第 1 帧中右手的位置；左腿调整成向后，位置与第 1 帧中的右腿重叠即可；依次类推，右手和右腿也参照第 1 帧中左手和左腿的位置进行调整。具体操作如下：同时选中翠花的左大臂、左小臂和左手，按【Q】键，这 3 个实例同时被任意变形工具框住，移动中心点至左肩关节处，然后旋转左手臂至右手臂所在位置，如图 4.49 所示。

Step 07 图 4.49 中的左臂经过旋转后，手臂与身体位置存在问题，所以需要将整条左臂再向下向左移动（参照右手位置），使左肩膀与身体的位置关系表现自然，如图 4.50 所示。

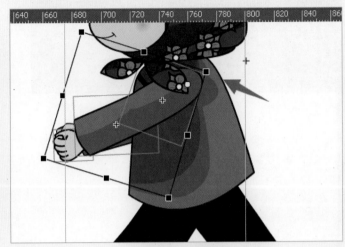

图 4.50　调整手臂动作（2）

Step 08 调整翠花右臂向后摆动、左右腿交替，操作方式参照上两步，其中右手和右腿经过旋转后，位置与身体不协调，需要用上、下、左、右方向键进行微调，效果如图 4.51 所示。

图 4.51　调整手臂和腿动作

图 4.52　按步长移动翠花至 3 号格子

图 4.53　创建传统补间动画

图 4.54　按规律调整动作

Step 09 按住【Shift】键，单击选中此元件最上面图层的第 1 帧，再单击最下面图层的第 1 帧，将各层的第 1 帧全部选中，再按住【Alt】键，拖住选中的第 1 帧至第 25 帧上，将所有层的所有第 1 帧复制到第 25 帧中。然后将第 25 帧中的"翠花"移动到 3 号格子中，注意各层实例与参考线的位置，如图 4.52 所示。

☆ **提示**

> 按住【Shift】键同时再单击元件（实例）或帧，能够同时选中多个元件（实例）或帧；按住【Alt】键同时再拖住元件（实例）或帧到新的位置，能够复制元件（实例）或帧。

Step 10 在各层的第 1 至第 25 帧之间创建传统补间动画，如图 4.53 所示。

Step 11 在各层的第 7 帧处插入关键帧，在这一帧上我们要完成侧走中直立的动作。这个动作身体呈现最高的状态，一条腿直立，另一条腿弯曲，有向前迈步的动势。按照如图 4.54 所示调整翠花的姿态。

Step12 在第 7 帧中翠花的头要高过上面这条参考线（双腿迈开时头部顶端），手臂自然下垂，伸直左腿，左脚踩地，右腿呈弯曲状。主要姿态摆好后，细微调整其他实例，使之真实、自然，如图 4.55 所示。值得注意的是，由于创建补间动画后，AN 自主计算的各实例位置与理想状态差距较大，会出现手臂和腿涉及的各实例聚集在一起等情况，请各位读者细心且耐心地调整动作，以达到最好的动画效果。

Step13 播放第 1 至第 13 帧中的动画，反复调整，若有穿帮镜头，采用插入中间帧调整的方法直至动作流畅。

Step14 在各层的第 19 帧处插入关键帧，该帧中翠花四肢的姿势与第 7 帧中的相反。制作方法请参照上面第 11 至第 13 步，效果如图 4.56 所示。

图 4.55　双脚交替站立时的动作（1）

图 4.56　双脚交替站立时的动作（2）

图 4.57　播放动画效果

图 4.58　新建文档

Step15 播放动画效果。至此，翠花向前走的动作制作完成。按【Ctrl+E】快捷键，返回场景，从元件库中将元件"翠花向前走"拖出来，在时间线第25帧处插入普通帧，测试动画效果即可，如图 4.57所示。

任务二：原地循环走动画

Step01 按【Ctrl+N】快捷键，新建文档。选择"角色动画"类型，文件大小设置为"1280×720"像素的格式标准，如图 4.58所示。

Step02 打开"翠花走素材"文件，共享其元件库，从元件库中拖出"翠花侧面"到舞台中，双击该实例，进入"翠花侧面"元件的编辑模式，开始制作循环走，如图4.59所示。

Step03 原地循环走与向前走的制作方法相似，是不移动"翠花"的位置的。先在第13帧中调整她的四肢，使之在上一动作的基础上交替变化，再将第1帧复制至第25帧上。最后分别调整她在第7与第19帧中的直立状态。整个过程中"翠花"位置始终在参考线框住的矩形中，效果如图4.60所示。

Step04 按【Ctrl+E】快捷键，返回场景，从元件库中将元件"翠花向前走"拖出来放在舞台右侧。在该层的第75帧处插入关键帧，将"翠花"向左移动至舞台左侧，然后在第1和第75帧之间创建传统补间动画。这样就完成了利用"翠花原地循环走"元件制作出她从右走到左的动画效果，如图4.61所示。

Step05 按【Ctrl+Enter】快捷键，播放动画效果。至此，翠花走路动画制作完成。

图4.59　打开"翠花走素材"文件

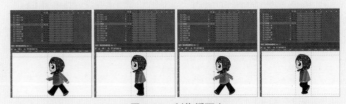

图4.60　制作循环走

图4.61　利用循环走元件完成走路动画

4.4 项目十四：《福彩》角色跑步 ——富贵侧跑动画

跑步动画重点知识讲解

4.4.1 项目介绍

动画片中，表现得最多的是拟人化的角色动作，例如人的走路、跑步，只要掌握了这些动作的基本规律，再按照剧情的要求和角色造型的特点加以发挥和变化，就不难完成角色走路、跑步的动作表演了。本项目所制作的跑步动作比走路动作幅度大，需要完成的原画帧数多，所以，跑步的基本运动规律，需要读者仔细体会关键动作及节奏。

4.4.2 跑步的运动规律

人物跑动时身体前倾，双臂向上提起，双手握拳，双脚跨步较大。通常跑步时，双脚有跨步动作幅度较大，头的高低变化也比走路动作大。双脚几乎没有同时落地的过程，在大步奔跑时，双脚

我想学到什么

不能忘的关键词

我要得到什么

坚持做完才有收获

成果打卡

DAY

会有一个同时离地的过程。双臂的摆动也因跑动速度的不同而变化，跑动时，身体高低起伏的波浪形幅度较正常走路时大。跑步的运动规律如图 4.62 所示。

图 4.62　跑步运动规律

除了一般的跑姿，不同年龄、不同场合及不同情节，都会有不同的跑步姿态，常见的有快跑、跑跳等。跑跳的运动规律如图 4.63 所示。

图 4.63　跑跳运动规律

4.4.3　项目实战

本项目主要讲解角色跑步动作的制作，根据富贵的人物造型与性格特点，完成如图 4.64 所示的富贵侧面原地循环小跑动作动画。

图 4.64　富贵侧跑效果

图 4.65　打开素材

Step01 打开"项目十四富贵侧跑素材"文件，双击舞台上的"富贵"实例，进入元件编辑模式，如图 4.65 所示。

图 4.66　拖出参考线

Step02 按【Ctrl+Alt+Shift+R】快捷键打开标尺，分别拖出水平参考线至富贵脚底和头顶。注意：头顶参考线上下需要再加两条参考线，下面一条距离头顶参考线 20 像素左右，上面一条距离头顶参考线 40 像素左右。再拖出两条垂直参考线，规划富贵的步宽，如图 4.66 所示。

Step 03 在各层的第 9 和第 17 帧处插入关键帧，单击任意图层的第 9 帧，使它成为当前帧。将第 9 帧中的富贵四肢调整成与第 1 帧中相反的动作方向。例如，富贵原本向前的左手调整为向后摆动，依次类推，最终效果如图 4.67 所示。为使读者看清该图中富贵的四肢效果，其身体采用了线框显示模式。

图 4.67　编辑跑动作（1）

Step 04 框选时间轴中各层的第 1 至第 9 帧，创建传统补间动画。再在各层的第 5 帧处插入关键帧，这时第 5 帧上的角色四肢发生聚集，如图 4.68 左图所示，此时需要根据跑步的运动规律完成如图 4.68 右图所示的姿态（注意调整小臂和大臂衣服明暗面的衔接）。此帧中富贵身高和头身的倾斜度无变化。

图 4.68　编辑跑动作（2）

Step 05 接下来，在各层的第 3 帧处插入关键帧，编辑第 3 帧中的富贵。这一帧中富贵需要降低重心，积蓄能量，做跑跳前的预备动作。具体姿态参照如图 4.69 所示的 2 号动作。

图 4.69　跑步运动规律

图 4.70　跑步动作细节调整（1）

图 4.71　双脚离地的动作调整

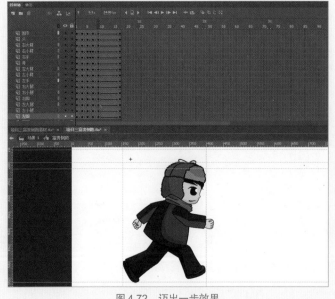

图 4.72　迈出一步效果

Step06 第 3 帧上所调整的图 4.69 中 2 号动作的幅度变化较大。此时，富贵的双腿下蹲弯曲，大腿小腿弯曲接近 90°，右脚踩地，左腿抬起。结合移动工具和缩放工具的旋转功能反复调整四肢以达到最佳效果。腿部形态调整好后，要下移富贵的上半身（头、躯干和上肢），将其头顶对齐最下面一条参考线。未调整上半身的效果接近如图 4.70 左图所示，调整好的效果参考如图 4.70 右图所示。

Step07 在各层的第 7 帧处插入关键帧，编辑第 7 帧中的富贵。此帧中的富贵双脚离地，身体伸展开，头顶与最上面一条参考线对齐，身体起伏至最高点。原本前倾的上半身需要向后挺直一点。使用移动工具和缩放工具的旋转功能反复调整四肢以达到最佳效果。另外将富贵上半身所有实例一起选中后，按【Q】键，将编辑中心调整至富贵的腰间，向头后方向旋转 5° 左右，使身体挺直一些，如图 4.71 所示。

Step08 反复测试第 1 至第 9 帧中的动画效果，若有穿帮画面，采用插入中间帧的方法不断调整完善。此时，富贵迈出左脚跑一步的动画效果制作完成，时间轴与舞台效果如图 4.72 所示。

Step09 接下来制作富贵右腿向前迈一步的动画效果。在各层的第 13 帧处插入关键帧，在第 13 帧中，参照调整好的第 5 帧中富贵的姿态（如图 4.73 左图所示），完成他的四肢相反方向动作的调整，效果如图 4.73 右图所示。

图 4.73　跑步动作细节调整（2）

Step10 在各层的第 11 帧处插入关键帧，在第 11 帧中，参照调整好的第 3 帧中富贵的姿态（如图 4.74 左图所示），完成他的四肢相反方向动作的调整，效果如图 4.74 右图所示。

图 4.74　跑步动作细节调整（3）

Step11 在各层的第 15 帧处插入关键帧，在第 15 帧中，参照调整好的第 7 帧中富贵的姿态（如图 4.75 左图所示），完成他的四肢相反方向动作的调整，效果如图 4.75 右图所示。

图 4.75　跑步动作细节调整（4）

图 4.76 跑一步动画

Step 12 反复测试第 1 至第 17 帧中的动画效果，若有穿帮画面，采用插入中间帧的方法不断调整完善。此时，富贵跑出一整步的动画效果制作完成，时间轴与舞台效果如图 4.76 所示。

图 4.77 跑步动画最终效果

Step 13 按【Ctrl+E】快捷键，返回场景中，制作富贵向前跑的动画。在第 1 帧上，将富贵移到舞台左侧；在第 50 帧处插入关键帧，将此帧中的富贵移至舞台右侧。在第 1 和第 50 帧之间创建补间动画，完成向前跑动画。最终效果如图 4.77 所示。

4.5　项目十五：《福彩》角色跳跃
——富贵跳跃动画

跳跃动画重点知识讲解

4.5.1　项目介绍

跳跃动作是人们日常生活中许许多多的自然运动之一，跳跃动作可分为原地跳、向前跑跳、连续跳等。本项目将详细介绍原地跳动画的动作制作。

4.5.2　跳跃的运动规律

我们前面已经讲过了，动画中的每个动作都会有它特有的预备和缓冲。如图 4.78 所示为跳跃运动规律图，由此可以知道，在这一运动中的 9 个关键帧动画里，第 1 个关键帧是人物正常的站姿，而第 4 个关键帧是人物起跳，那么在人物起跳之前，就必须要预备，也就是第 2、第 3 个关键帧（下蹲），这时的身体是压缩的。第 4 帧是跳跃运动中最夸张的一帧，人物的身体会被

👁 我想学到什么

✎ 不能忘的关键词

📖 我要得到什么

🌾 坚持做完才有收获

☐ 成果打卡

📅 DAY

拉长。到此为止，前 4 个关键帧是人物起跳的过程。这时，人物的重心在前面，身体是前倾的。当人物于第 4 个关键帧跳起来之后，由于地球引力的作用，人物会达到一个最高点，也就是第 5、第 6 个关键帧（腾空），这时，人物是蜷缩着身体的。同样，由于受到引力的作用，当人物达到最高点之后，便会下落。第 7 个关键帧，人物开始下落，此时人物的身体处于拉伸状态。接下来的第 8 个关键帧是这一运动中又一个很关键的地方——缓冲。人物在下落时，受到地面的阻止，必须停留在地面上，而他的动作不能立刻停下来，需要做一个缓冲之后才停下来，第 8 个关键帧便就是这一运动中的缓冲。第 9 个关键帧，人物还原到了他在第 1 个关键帧时的直立状态。

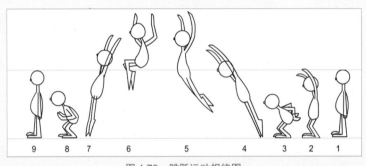

图 4.78　跳跃运动规律图

通过对原地跳的分析，应该基本掌握了跳跃的方法，一个完整的跳跃一般有 9 个关键帧动画：①自然直立（初始状态）；②抬手，重心向下（预备动作）；③下蹲；④起跳（拉伸、夸张）；⑤腾起；⑥蜷身（达到最高点）；⑦下落（拉伸、夸张）；⑧着地（缓冲）；⑨直立（还原成初始状态）。

在制作跳跃动画时，大家应该要注意掌握好怎样去控制运动的节奏，人物的预备做得越足，人物就跳得越高，人物跳得越高，落下来时所要做的缓冲也就越大，反之则相反。

4.5.3　项目实战

本项目主要讲解角色跳跃动作的制作，跳跃动作中每帧的动作幅度变化大，需要同时使用逐帧动画与传统补间动画，才能确保动画效果。富贵跳跃的效果如图 4.79 所示。

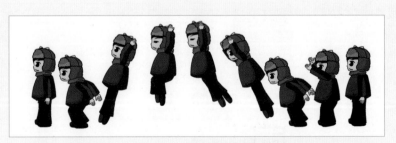

图 4.79　富贵跳跃效果图

Step 01 打开"项目十五富贵原地跳素材"文件，双击舞台上的"富贵"实例，进入元件的编辑模式，如图4.80所示。

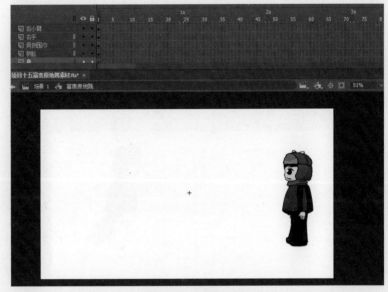

图 4.80　打开素材文件

Step 02 按【Ctrl+Alt+Shift+R】快捷键打开标尺，拖出参考线。最低的水平参考线是富贵下蹲的高度，最高的水平参考线是富贵腾起的高度。垂直参考线为富贵原地下蹲、腾起和落下所规划的区域，如图4.81所示。当然，读者可依据角色的造型特点或故事情节来设定角色跳跃的高度和距离。

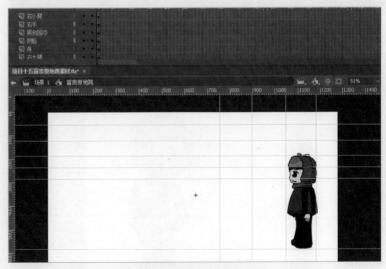

图 4.81　规划跳跃高度和距离

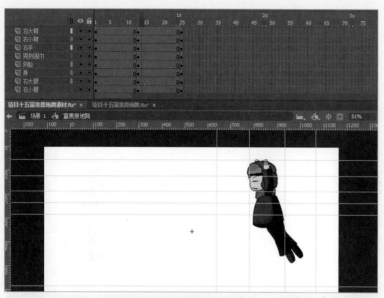

图 4.82　富贵腾起动作调整

图 4.83　起跳准备动作（1）

Step03 本项目设定富贵跳的时间为 1 秒，在各层的第 25 帧处插入关键帧，即第 25 帧是恢复站立姿态。再在第 13 帧处插入关键帧，这一帧对应图 4.78 跳跃运动规律图中的动作 5——腾起动作，在参考线规划出的中间格子中完成腾起动作。在保证不穿帮的情况下，将富贵全身各关节衔接处都伸展开，如图 4.82 所示。

Step04 这时，我们把这个动作分为起跳和落下两部分，第 1 至第 12 帧为起跳部分，第 14 至第 25 帧为落下部分。先来完成起跳中的预备动作，在各层的第 4 帧处插入关键帧，完成预备动作中的抬手和重心下移动作，如图 4.83 所示。

Step 05 在各层的第 7 帧处插入关键帧，完成预备动作中的摆臂和下蹲动作，如图 4.84 所示。这里的摆臂和下蹲动作幅度越大，跳得应该越高。读者可尝试调整动作。

图 4.84　起跳准备动作（2）

Step 06 在各层的第 10 帧处插入关键帧，完成起跳动作。起跳需要表现得夸张一些，将身体各部位都拉伸开来，让身体前倾，脚尖略微离地。如图 4.85 所示，富贵的上半身已经在中间格子中。

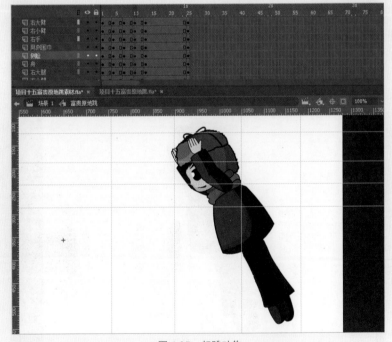

图 4.85　起跳动作

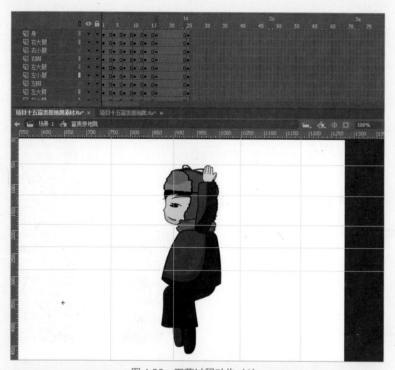

图 4.86　下落过程动作（1）

Step 07 下面接着完成第 14 至第 25 帧的下落部分。在各层的第 16 帧处插入关键帧，完成蜷身动作，这时已经达到跳跃的最高点，如图 4.86 所示。

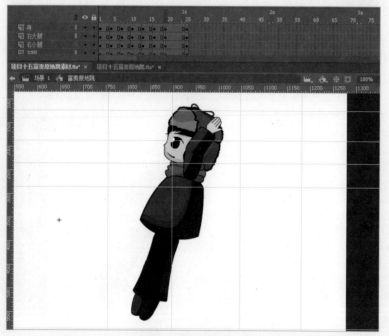

图 4.87　下落过程动作（2）

Step 08 在各层的第 19 帧处插入关键帧完成下落动作。此时富贵的身体也需要拉伸开来，如图 4.87 所示。

Step09 在各层的第 22 帧处插入关键帧，完成着地的缓冲动作，如图 4.88 所示。

图 4.88　着地动作

Step10 在各层的第 1 至第 25 帧之间创建传统补间动画。检查每个动作之间的穿帮镜头，加以调整，最终使动作流畅、生动，如图 4.89 所示。

Step11 至此，富贵侧面原地跳的动画制作完成。

图 4.89　调整画面穿帮动作

4.6　本章小结

　　本章主要讲解如何按照运动规律完成动作制作。在制作动画时，只有紧紧地与运动规律联系在一起，才能使动画合理、自然、顺畅，符合人的视觉经验。由此可见，运动规律是动画中的灵魂，在动画创作中始终离不开运动规律的运用，可以说动画离开了运动规律，也就失去了动画本身的艺术价值。

第5章 交互动画应用
——童话乐园网站导航

学习目标：

- 熟悉 AN 中脚本的使用知识；
- 掌握按钮元件的使用知识；
- 能够熟练应用时间轴控制脚本进行动画控制；
- 掌握运用遮罩等动画原理进行综合动画制作的技巧。

本章导读：

交互动画作为 AN 动画中不可或缺的一种类型，一般结合按钮和脚本来进行创作。AN 软件为我们提供了一个功能强大、符合业界标准的面向对象的编程语言 ActionScript 3.0，方便用户对动画进行控制，再结合丰富的动画效果，往往能给人以耳目一新之感。本章就重点介绍按钮元件的使用知识和时间轴控制脚本的方法，同时，将各种动画知识进行综合应用，从而完成童话乐园网站导航交互动画的制作。

5.1 项目介绍

由于 ActionScript 3.0 脚本强大的交互功能，使得 AN 制作出来的动画交互速度更快、更加人性化、效果更生动。本项目以童话乐园网站导航交互动画为例，将各种动画制作知识和技巧贯穿在一起，让读者在学习过程中掌握项目创作的方法。动画效果如图 5.1 所示。

🧠 我想学到什么

📝 不能忘的关键词

📖 我要得到什么

🌾 坚持做完才有收获

☐ 成果打卡

DAY

图 5.1　童话乐园网站导航交互动画效果展示

5.2　知识点解析

5.2.1　按钮知识

按钮元件是 AN 三种元件类型之一，按【Ctrl+F8】快捷键可以新建一个按钮元件，其各帧含义如下：

- 弹起：按钮正常显示的状态；
- 指针经过：鼠标划过按钮时的状态；
- 按下：鼠标左键按下按钮时的状态；
- 点击：确定按钮与鼠标交互的范围。

☆ 提示

由于按钮元件每个状态只有 1 帧，如果想要在按钮元件上制作动画，可利用影片剪辑元件只需要 1 帧即可播放的特点，将动画制作在影片剪辑元件中，再放在各帧上，从而完成动态按钮的制作。

5.2.2　ActionScript 3.0 脚本

1. 脚本的添加

ActionScript 3.0 脚本需要添加在关键帧上。其方法为，在关键帧上单击鼠标右键，从弹出的快捷菜单中选择"动作"命令，即可打开如图 5.2 所示的动作面板。

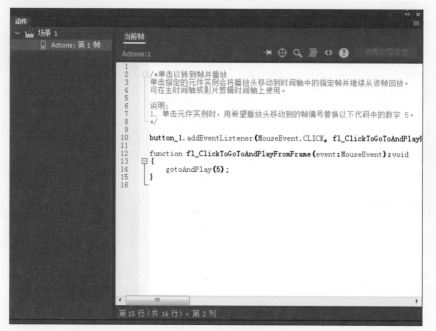

图 5.2　动作面板示例

2. 语法规则

- 点（.）用来指明与某个对象相关的属性和方法。

- 分号（;）放在语句结束处，表示语句结束。

- 关键字严格区分字母的大小写。当动作面板中启用彩色语法功能时，正确书写的大小写字母关键字会以蓝色显示。

- 变量名必须以字母开头，并且只能由字母、数字和下画线（_）组成，变量名必须是唯一的且区分大小写。

3. 对象处理

- 属性：对象的固有特性，如影片剪辑元件的位置、大小、透明度等。

其通用结构为：对象名称（变量名）. 属性名称；

如 boy.alpha=tmd;。

- 方法：指可以由对象进行的操作。

其通用结构为：对象名称（变量名）. 方法名；

如 fish.stop();。

- 事件：确定 ActionScript 能够识别并可响应的事情，如鼠标滑过事件等。

编写事件代码时，要遵循以下基本结构：

```
Function eventResponse(eventObject:EventType):void

{
//响应事件而执行的动作
}
eventSource.addEventListener(EventType.EVENT_NAME,eventResponse);
```

例如：

```
this.stop();
function startMovie(event:MouseEvent):void
{
this.play();
}
startButton.addEventListener(MouseEvent.CLICK,startMovie);
```

- 创建对象实例：创建对象的第一个步骤就是声明变量，并为变量赋一个实际的值，整个过程称为对象"实例化"。例如：

```
var mymc:MovieClip=new MovieClip;//创建一个影片剪辑实例
```

5.3　项目实战

任务一：制作背景出现动画

Step01 打开"童话乐园网站导航素材"文件，将其另存为"童话乐园网站导航"。

Step02 更改图层名称为"background"，从库面板中把"bj"图形元件放入舞台中，调整其与舞台对齐，在第 148 帧处插入普通帧。

Step03 在第 22 帧处插入关键帧，将第 1 帧中的实例透明度设置为"0%"，在第 0 至第 22 帧之间创建传统补间动画，制作出底图逐渐出现的动画。

Step04 新建图层"line"，从库面板中把"line"图形元件放入舞台中，调整其下边缘和舞台下边缘对齐，水平居中，如图 5.3 所示。

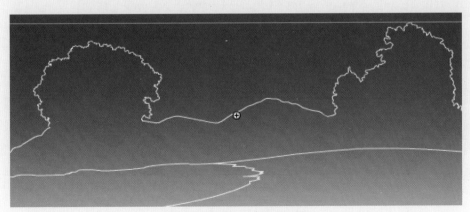

图 5.3　调整"line"元件位置

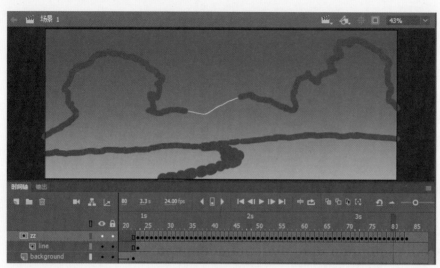

图 5.4 绘制遮罩层

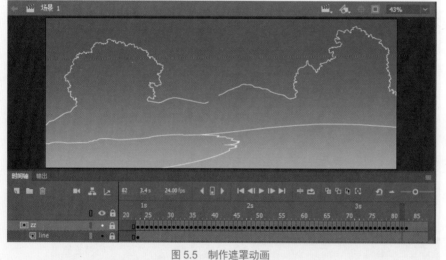

图 5.5 制作遮罩动画

Step05 新建图层"zz"，调整好画笔工具的大小和颜色（颜色可任意，能看清即可），用制作逐帧动画的方法在线条上依次绘制，使其遮挡线条，直至重合，如图 5.4 所示。

Step06 在"zz"图层上单击鼠标右键，从弹出的快捷菜单中选择"遮罩层"命令，让绘制的图形和线条产生遮罩效果，此时，发现线条逐渐被绘制出来，如图 5.5 所示。

Step07 制作湖水渐显动画。拖曳播放头找到湖水线条绘制完成的那一帧（在本项目中是第 51 帧）并插入关键帧，将"背景"图形元件从库面板中拖入舞台中，并且调整其和舞台边缘对齐。在第 70 帧处插入关键帧，调整第 51 帧"背景"实例的透明度为"0%"，在第 51 至 70 帧间创建传统补间动画，此时，整个背景呈现逐渐显示的效果。

Step08 新建图层，将"line"图层的线条用复制帧的方式复制到新图层的第 51 帧处，按【Ctrl+B】快捷键将元件打散，然后用线条工具把湖水部分闭合并填充颜色，在新图层上创建遮罩动画。此时拖曳播放头到第 70 帧处，发现湖水已经逐渐显示出来，如图 5.6 所示。

图 5.6　第 70 帧动画

Step09 用与湖水渐显动画相似的方法，依次制作地面、山、天空逐渐出现的动画，如图 5.7 所示。

图 5.7　背景出现动画

任务二：制作店铺导航图标出现动画

Step10 制作面包坊变形动画。按【Ctrl+F8】快捷键新建"面包"影片剪辑元件，从库面板中把"面包1"图形元件拖放在舞台中心。用任意变形工具把中心点调整在房子底部，在第4、第7、第15帧处分别插入关键帧，将第4帧中的房子压扁一些，第7帧中的房子调高一些，如图5.8所示。

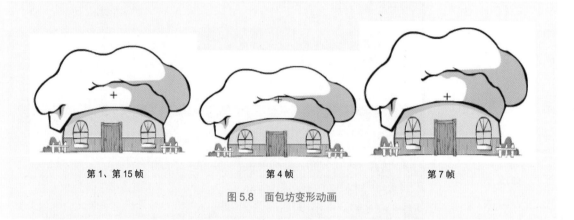

第1、第15帧　　　　　　　　　第4帧　　　　　　　　　第7帧

图5.8　面包坊变形动画

Step11 加入店标牌。新建图层，在第7帧处插入关键帧，从库面板中把"txt5"图形元件放入舞台中合适位置，并调整好大小，在第15帧处插入空白关键帧，如图5.9所示。

Step12 加入隐形按钮。新建图层"button"，从库面板中把"button"按钮元件放在第1帧舞台中，使其覆盖整个图形，如图5.10所示。

图5.9　加入店标牌

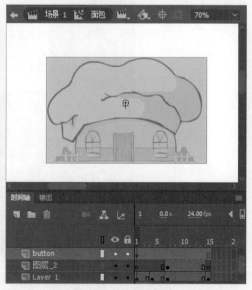

图5.10　加入按钮元件

☆ 提示

由于 button 按钮元件只在点击帧绘制了图形，因此该元件放在舞台上后会显示出淡蓝色，在真实播放的时候是不会显示的，但仍能起到按钮的作用，我们把这种按钮称为隐形按钮，用这种按钮制作动画不会破坏动画画面的美感。

Step13 选中舞台中的按钮元件，在属性面板中设置其实例名为 "bt1"，如图 5.11 所示。

图 5.11 为按钮元件设置实例名

Step14 新建图层 "Actions"，在第 7、第 15 帧处分别插入关键帧。在第 7 帧上单击鼠标右键，从弹出的快捷菜单中选择 "动作" 命令，打开动作面板，在其中输入停止脚本 "stop();"，如图 5.12 所示。

Step15 用与上一步同样的方法，在第 15 帧处添加停止脚本 "stop();"。

图 5.12 第 7 帧的脚本

Step16 在第 1 帧处添加如图 5.13 所示的脚本，实现当鼠标划过图标时，跳转到第 2 帧开始播放；当鼠标离开图标时，跳转到第 8 帧开始播放；鼠标未碰到图标时，只显示第 1 帧的状态。

```
stop();

bt1.addEventListener(MouseEvent.MOUSE_OVER, fl_1);
function fl_1(event:MouseEvent):void
{
    gotoAndPlay(2);
}
bt1.addEventListener(MouseEvent.MOUSE_OUT, fl_2);
function fl_2(event:MouseEvent):void
{
    gotoAndPlay(8);
}
```

图 5.13 第 1 帧的脚本

☆ 提示

此处脚本中的 bt1 就是前面提到的隐形按钮的实例名称，在编写脚本时要与自己为其起的实例名称一致。

Step17 用与面包坊变形动画类似的方法，分别制作其余各店的影片剪辑元件。需要注意的是，每个影片剪辑元件中的隐形按钮实例名不要相同，且要与脚本中统一。

图 5.14 场景中各店铺元件出现动画

Step18 返回场景中，新建图层，在第 123 帧处插入关键帧，将刚制作好的各个店的影片剪辑元件拖曳到舞台上，调整好大小及位置。单击第 123 帧，将该帧的所有实例选中，利用右键快捷菜单中的"分散到图层"命令，将它们分散到各个单独的图层中。

Step19 在第 123 至第 128 帧之间制作各元件从舞台上方落下的传统补间动画，注意调整起始帧中店铺元件的透明度为"0%"，然后，在时间轴中调整它们出现的时间，产生不同时下落的效果，如图 5.14 所示。

任务三：制作场景中的其他元素

Step20 制作文字动画。新建"文字"图形元件，输入文字"童话乐园嘉年华"，按照自己的喜好为其设置字体、字号及颜色，本项目中的效果如图 5.15 所示。

图 5.15 "文字"元件效果

Step21 返回场景中，新建"文字"图层，让其位于遮罩动画的上方。在第 23 帧处插入关键帧，将"文字"元件拖入舞台，并调整其位于舞台左侧，透明度为"0%"；在第 44 帧处插入关键帧，调整其透明度为"50%"，用任意变形工具向右放大文字；在第 67 帧处插入关键帧，调整文字透明度为"100%"，继续向右缩小文字，使文字变为正常显示效果，然后在第 23 至第 67 帧之间创建传统补间动画，如图 5.16 所示。

图 5.16　第 44 帧和第 67 帧文字在舞台中的效果

Step22 新建图层"music"，在属性面板中的"声音"属性中设置"名称"为"music"，"同步"方式选择"数据流"，保证声音能够与时间轴同步播放，如图 5.17 所示。

Step23 新建图层"as"，在各店铺导航图标落下的最后一个关键帧（本项目中是第 136 帧）处插入关键帧，设置帧动作脚本为停止"stop();"。至此，动画制作完成。

图 5.17　添加声音

5.4　拓展训练

利用素材文件夹中给出的名车展示素材图片，完成如图 5.18 所示"名车展示"动画的制作。

图 5.18　名车展示动画

5.5　本章小结

本章综合应用了前面学过的 AN 动画制作技术，介绍了童话乐园网站导航动画的制作方法，其中包含了隐形按钮和部分脚本知识的应用，脚本是 AN 学习中的难点，需要不断练习才能掌握。

第6章 二维广告短片——《福彩》

学习目标：

- 掌握二维广告短片的制作流程和要点；
- 掌握广告短片的制作分工与要求；
- 学会按分镜制作动画；
- 学会动画短片的制作、合成与输出。

本章导读：

动画广告是动画与广告的结合，指企业或各种组织将动漫形象植入广告中，利用动漫的特点进行广告宣传。具体而言，动画广告是在动画作品的基础上产生的，形式上以讲故事的方式、兼顾演绎的形式将思维与理念传递给观众，而这种传递是一种间接的引导性的传递，其表现形式上的重点是本身的故事性和趣味性。

和传统的广告相比，动画广告是借助动画中形象生动的图画进行信息的传递的，具有以下优势。

（1）生动性。动画采用了一种与现实写真不同的艺术形式，其卡通形象与普通的广告片中的人物形象相比独具一格，很富有动感和新鲜感，让观众在欣赏动画的同时得到明确的广告信息。

（2）夸张性。动画是人工创作的，可以加入充分的想象力和创造力，把表达的信息用一种夸张的手法表现出来，这种表达方式突破了传统广告纪实性的弱点。

（3）吸引力。动画冲破了传统广告的重重框架，从视觉到听觉给观众一份新鲜的感受，在注意力经济时代，这是吸引眼球的关键一步。

（4）时尚性。动画最初是通过动画片的形式走入大众生活的，经过多种媒介的互动与发展，动漫不断地走在时代的前沿，与最新的科技、时尚元素搭配在一起，形成了一道亮丽的风景。

6.1 项目介绍

本项目为一则《福彩》广告，采用二维动画短片的形式进行设计与制作。针对该广告需要在电视乡村频道播放且受众群体范围大的特点，前期设计师通过认真观察生活细节，将该广告设计成一部风格上新颖独特、剧情上诙谐幽默、片长约30秒的二维动画短片。

 我想学到什么

不能忘的关键词

我要得到什么

坚持做完才有收获

☐ 成果打卡

 DAY

本次设计以二维表现形式为主，采用了手绘板进行绘制，并重点结合了 AN 这一强大的二维制作软件来制作动画，效果如图 6.1 所示。

图 6.1　《福彩》广告短片效果图

6.2　知识点解析

在动画短片的设计制作中，笔者尝试了很多方法和技能，尽量简化一些流程，在不影响制作效果的基础上，提高制作效率，以下就以此部广告短片中的主要设计流程为例来进行知识的阐述。

前期制作的内容主要包括动画剧本创作、动画角色造型设计、动画场景设计、动画分镜头脚本设计等。

1. 动画剧本创作

动画剧本创作是一部动画片首先需要重点考虑的环节，剧本的好坏往往决定了一部动画片的成败。在创作动画剧本之前，首先要明确整个动画片的时长。对于此部广告短片，我们把整个动画片的时长控制在 30 秒左右，篇幅虽短，但是创意空间反而更大，更可以自由发挥。在创作动画剧本时，还要看剧本是否可行、是否具有新意、是否吸引观众等。在此次的项目创新制作中，通过前期的大量调研与充分准备，我们把短片命名为"福彩"，动画片的名称突出主题、见名知义。利用"快三"与"快三舞步"易产生的混淆作为短片的冲突，男女主人公的对话诙谐幽默，能在观众会心一笑的同时广而告之。

2. 动画角色造型设计

动画角色造型设计往往决定了一部动画片的灵魂，很多优秀的动画角色形象凭借其独特、夸张的造型设计赢得了各个年龄层次的人们的喜爱，从而创造了巨大的商业价值。造型生动、性格独特的动画角色形象更能引起人们的注意，给人留下深刻的印象，所以说动画角色造型设计对整个影片风格起到很重要的作用。

在动画角色造型设计中，首先要明确动画片的主题思想、角色性格等，将抽象的角色性格视觉化。在该片的设计中，根据剧本故事的主题和风格，我们参阅了大量的卡通角色造型，经过不断完善、修改，确定了男女主人公的造型设计。其次要重点考虑人物的比例图设计，这些要严谨对待，在整个动画制作中，都要严格按照人物比例图来设计动画，以免出现错误。

动画人物的造型设计有很多共同的特点，是有一定的规律可循的，但是又各有特色，一定要根据各自的性格特征去设计人物的形象，这样才能增添动画的魅力，使观众过目不忘。

3. 动画场景设计

动画场景主要是指动画角色活动的场所，可用于烘托动画的氛围。动画场景主要应该围绕作品主题与基调进行设计。在动画场景设计中，要根据动画剧本的主要内容，确定整部动画片中主要有哪些场景，还要注意场景设计的一些技法，比如场景透视与道具表现、风格表现等。在广告短片《福彩》中，确定了动画场景主要为农家院外，根据故事主要内容和情节，还确定了气氛背景的设计。整个动画场景设计简洁、明了，很好地交代了故事发生的地点。

4. 动画分镜头脚本绘制

动画分镜头脚本是一部动画片绘制和制作的最主要依据，是动画片最初的视觉表现，是动画计划实施的蓝图，这个过程不是简单的图解，而是一种具体的再创作。动画分镜头脚本绘制得越细致，后面的动画制作也会更加顺利，有时候一部细致的动画分镜头脚本串联起来，几乎不需要加什么细节就可以直接成为一部完整的动画片了，这些都说明了动画分镜头脚本在整个动画制作中占有举足轻重的作用。

5. 动画制作

动画制作在整个动画流程中占有十分重要的地位，这一步往往直接关系到整个动画片的播放效果。在动画短片制作中，既要发挥软件强大的优势，又要考虑画面的流畅与美观。可以直接在 AN 软件中进行原画绘制、中间画绘制等工作，实现无纸化，节约动画制作的时间和成本。

6. 后期合成与制作

后期合成与制作主要包括音视频的剪辑合成与输出两个方面。在动画后期合成与制作中，主要运用 After Effect 软件。

6.3　项目实战

任务一：准备工作

依据给定的剧本完成素材的准备。在制作元件动画时，主要的元件都会在角色、场景设定环节绘制完成并存放在元件库中。由于短片的镜头较多，角色的转面、动作、表情也会有所不同，为了让动画师的工作快捷高效，角色绘制师会事先准备"镜头元件细分列表"，以防有所疏漏。

1. 动画剧本

角色设定： 男主角——富贵

　　　　　女主角——翠花

场景设定： 乡村室外背景（板凳、小鸡、树、房子、蓝天、白云……）

　　　　　气氛背景（橙色有图案、奖品礼包……）

剧本： 富贵坐在屋子外的小板凳上，眨巴着一双大眼睛笑眯眯地看着两只可爱的小鸡在他脚下啄米。

翠花像一阵风似的冲了过来，富贵受到惊吓错愕地抬起头，瞪圆了眼睛张大了嘴巴。翠花兴高采烈地举起右手食指宣布："福彩新推出快三玩法了，知道不？"话毕摊开双手。

富贵听到后也有了兴趣，疑惑地摊开手掌，兴致勃勃地问道："快三是啥呀？"他从小板凳上迅速地站了起来，抬起双臂，双脚交错跳了起来，"嘭恰恰，嘭恰恰啊？"

翠花一脸嫌弃，心想他连快三是什么都不知道，但随后又笑着、眉飞色舞地解释道："什么玩意，快三是游戏，那游戏，哎妈，老有意思了！"

富贵圆圆的脸蛋上，两只大眼睛睁得更大了，一闪一闪的，水汪汪的，亮晶晶的，像是闪动着星星的光。他兴致勃勃地说："那咋回事儿，你快给我仔细说说呗！"

气氛背景："好玩"从底部出现，并放大至舞台中央，再配合礼盒的出现向下运动，直至移出舞台。台词对白：（女）好玩！

礼包背景：礼盒从天而降，落地发生挤压——拉伸——复原，复原过程伴随烟雾，烟雾散开后翠花正面出现。

台词对白：（女）还能中大奖！

（黄色星星舞台背景）一束光打在翠花身上，翠花竖起左手食指强调道："最重要的是啥呢？"双手握拳神采奕奕地说："支持公益事业。公益、慈善，你懂不？"

（室外乡村背景）翠花一脸骄傲地抱住自己的双臂，轻微晃动着身体轻蔑地说："我考虑你这档次的人儿够呛能懂。"富贵左脚向前迈了一步，上身微微前倾，得意扬扬地说："那慈善我咋不懂呢？"他愉悦地眨了眨眼睛，"不就是帮助孤儿、老人、残疾人、困难的人呗。"（富贵一、二、三、四，四个手势变化。）

翠花听了后身子微微前倾，眨了眨眼（身体轻微晃动，肢体动作小），说道："行啊，没想到你还有点觉悟。我跟你说呀……"说着，抬起一只胳膊（男跑出场外，女转向正面），"（女）这游戏霸道！"

翠花看着正要跑开的富贵，挥手喊道："哎，你干啥去啊？"富贵听到后回头眨了眨眼睛，回道："去福彩投注站啦，回见吧！"（男跑出场外。）

翠花看到也着急了，冲富贵喊道："这把你急的，你等会我，咱一起买快三！"（女说话时上臂动作，跑出场外。）

（空场景淡出，结束。）

2. 镜头细分列表

本项目中的镜头元件细分列表格式如表 6.1 所示。

表 6.1　镜头元件细分列表

镜头元件细分列表				
角　色	转　面	动　作	表　情	备　注
翠花	正、侧、背	手势、抱臂……	口型……	
富贵	3/4 背、侧	屈膝坐、跑……	……	
场　景				
场景 1（室外）	板凳、小鸡、树、房子、蓝天、白云……			
场景 2（气氛）	气氛背景（橙色有图案、奖品礼包……）			
……				

请读者仔细研读剧本，根据分镜稿及动作描述，整理镜头元件细分列表，进一步明确绘制任务。

任务二：角色设定

本短片中有两个主要角色，即翠花和富贵。角色造型和颜色指定如图 6.2 所示。

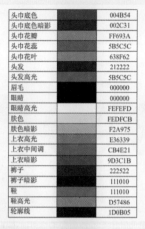

头巾底色		004B54
头巾底色暗影		002C31
头巾花瓣		FF693A
头巾花蕊		5B5C5C
头巾花叶		638F62
头发		212222
头发高光		5B5C5C
眉毛		000000
眼睛		000000
眼睛高光		FEFEFD
肤色		FEDFCB
肤色暗影		F2A975
上衣高光		E36339
上衣中间调		CB4E21
上衣暗影		9D3C1B
裤子		222522
裤子暗影		111010
鞋		111010
鞋高光		D57486
轮廓线		1D0B05

帽子底色		684B39
帽子暗影		523D2C
帽遮高光		BDB5B2
帽遮中间		94877F
帽遮暗部		766B67
头发		000000
眉毛		000000
眼睛		000000
眼睛高光		FEFEFD
肤色		FEE2D1
肤色暗影		F2A975
围巾		A95161
上衣		38394E
上衣暗影		29283A
裤子		232522
裤子暗影		110D0C
鞋		5C5600
鞋高光		312F00
鞋底		000007

图 6.2　角色造型与颜色指定

Step01 按照效果图中的角色设定对翠花和富贵进行描线、上色、拆分元件。在角色关节拆分处要保证其中的一个元件是半圆形的，如图 6.3 所示。该环节参照第 2 章角色绘制部分的内容。

为避免角色在做摆动作时出现穿帮镜头，肘关节处两个相连接的元件至少有一个是半圆形的。

图 6.3　角色元件绘制

Step02 根据镜头中的角色动作和表情的需要，绘制不同动作表情和口型元件，存放在库中，如图 6.4 所示。

图 6.4　角色翠花元件库

图 6.5　角色富贵元件库

Step03 按照上述要求，绘制完成富贵元件库，如图 6.5 所示。

任务三：场景设定

场景是动画剧情中人物活动的空间环境，所以在绘制场景之前，首先应对故事的发生和发展有充分的认识，了解故事的时间、年代、季节及发生地，为动画的进一步制作提供保证和依据，详见第 2 章。

Step01 绘制乡村室外背景，效果如图 6.6 所示。

图 6.6　室外场景设计与绘制

Step02 绘制气氛背景。这种素材有提供背景、渲染气氛的作用，使作品的主题得到更深层次的烘托，效果如图 6.7 所示。

图 6.7　气氛背景设计与绘制

Step03 道具及其他元件如图 6.8 所示。

图 6.8　道具设计与绘制

以上为动画前期设计环节，其中角色、场景和道具的设计决定了本片的美术风格。

任务四：动画制作

下面按分镜制作每个镜头动画。

分镜一：

| Sc: | 1-1 | Bg: | 1 | s: | 1 |

摄影技巧：固定镜头。

动作要求：小鸡啄米。

台词对白：无。

| Sc: | 1-2 | Bg: | 1 | s: | 11" |

摄影技巧：无。

动作要求：女快速进画，身体有惯性表现。男眨眼、抬头、惊讶……

台词对白：（女）福彩……

图 6.9　新建文档

Step 01 按【Ctrl+N】快捷键创建角色动画文档，宽为 1280 像素、高为 720 像素的高清尺寸（可在预设中选择），平台为 ActionScript 3.0，如图 6.9 所示。打开属性面板，设置帧频为"25fps"。

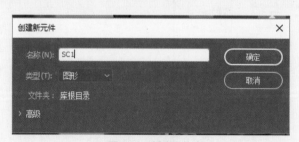

图 6.10　新建元件

Step 02 按【Ctrl+F8】快捷键新建元件，命名为"SC1"，如图 6.10 所示，在此元件中完成分镜一的制作。

Step03 在元件库中挑选分镜一中需要的背景、角色和道具，分层编排各实例的位置，具体画面效果参考分镜一，由于分镜一共 1 秒 11 帧，所以在各层的第 36 帧处插入普通帧。时间轴编排如图 6.11 所示。

图 6.11　编排图层

Step04 用逐帧动画完成小鸡啄米的效果。在第 25 帧处插入普通帧；在"小鸡 1"图层的第 3 帧处插入关键帧，将该层上的小鸡的位置整体向右移动 3 像素；在第 7 帧处插入关键帧，将小鸡向左移动 2 像素；在第 10 帧处插入关键帧，将小鸡向下移动 2 像素；在第 15 帧处插入关键帧，将小鸡向上移动 2 像素。然后选中小鸡的头，按【Q】键，使用变形工具旋转小鸡的头，完成抬头的效果。在第 19 帧处插入关键帧，一起选中小鸡的身体和头，按【Q】键，旋转小鸡的身体，使其低头啄米。复制第 19 至第 22 帧，至此完成小鸡啄米动画效果。按照上述方法制作小鸡的重复动作至第 36 帧结束，如图 6.12 所示。

图 6.12　小鸡动画制作

Step05 按照第 4 步的制作方法，在"小鸡 2"图层完成第 2 只小鸡啄米的动画效果。

Step06 接下来完成翠花入画的动画效果，以下简称"翠花"。在此注意，翠花出现在画面中后，富贵的表情也是制作的重点。新建图层，命名为"女_背"。在该层的第 25 帧处插入关键帧，将翠花背影转面从库中拖放至舞台右侧。这时，翠花弯腰、身体前倾。再选中翠花上半身的各个元件，单击鼠标右键，在弹出的快捷菜单中选择"分散到各个图层"命令，这时翠花上半身的元件被分散到新建的图层中，确保一层一个元件。接下来进行多层多帧操作，分别选中翠花上半身的各层，并在各层的第 29 帧处插入关键帧，在此帧中同时选中"翠花"上半身的所有元件，将其移动到舞台右侧，编排至合理位置，如图 6.13 所示。

图 6.13　翠花入画

图 6.14　翠花站立细节调整

Step07 在"翠花"上半身的各层的第 29 帧处，同时选中"翠花"上半身的各个元件，按【Q】键，用任意变形工具调整编辑中心点至翠花腰部，再将其倾斜的上半身旋转成直立状态，两个手臂自然向下垂落。对手臂位置进行细化调整后，在上半身的各层创建补间动画，如图 6.14 所示。

Step08 新建图层，命名为"女_影"，在该层的第 25 帧处插入关键帧，将表现翠花快速入场的形状放置在翠花背部。在该层的第 29 帧处插入关键帧，将"女_影"元件拖放至舞台中翠花的身后。在第 29 帧中，缩小"女_影"实例，调整其透明度为 0%，再在第 25 和第 29 帧之间创建补间动画，完成影子闪现的效果，如图 6.15 所示。

图 6.15　翠花影子制作

Step09 根据翠花入场动画

节奏，调整富贵眨眼、抬头看翠花的动画效果。在富贵各层的第 27 帧处插入关键帧，在此帧上选中各层元件，按【Q】键，调整编辑中心点至小腿位置，纵向缩小 1%，完成他抬头的预备动作。与此同时，在"男_五官"图层的第 27 帧处，将他的圆眼睛替换成"闭眼"（该图形请自行绘制完成），如图 6.16 所示。

图 6.16　富贵动作调整

Step10 选中"男_五官""男_头""男_身体"3 个图层的第 1 帧，按住【Alt】键的同时，将这 3 个图层中的帧向后拖动，移至第 31 帧，即将这 3 个图层中的第 1 帧复制到第 31 帧中，在第 31 帧完成抬头、睁眼的动作。同时，将五官层中的"嘴"替换成张开的圆形的嘴。注意嘴的细节的调整，如图 6.17 所示。

图 6.17　富贵表情调整

Step11 至此，分镜一制作完成。按【Ctrl+E】快捷键，返回主场景。新增图层"SC1"，将分镜一拖至该层，按【Enter】键反复测试、修改、完善。

分镜二：

| Sc: | 2 | Bg: | 2 | s: | 1'16" |

摄影技巧：无。

动作要求：女说话、眨眼、单手向上指，然后双手摊开。

台词对白：（女）……福彩新推出快三玩法了，知道不？

图 6.18　新建元件

图 6.19　编排图层

Step 12 按【Ctrl+F8】快捷键新建元件，命名为"SC2"，如图 6.18 所示，在此元件中完成分镜二的制作，该镜头共 41 帧。

Step 13 在元件"SC2"中把绘制好的翠花如图 6.19 所示分层编排好，将背景层锁定。所用元件有"SC2- 女头""SC2- 女身体""SC2- 右臂""SC2- 左小臂""SC2- 左大臂"。

Step 14 选中这个镜头中的头元件，双击进入头元件编辑模式，共 41 帧，制作翠花说话和眨眼的动作，如图 6.20 所示。

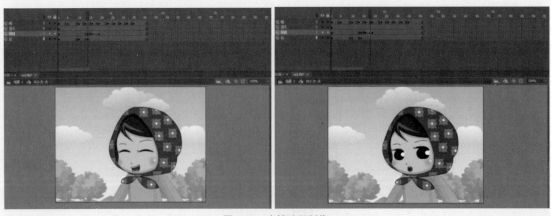

图 6.20　表情动画制作

Step15 返回上一层元件，在肢体各层的第 1 至第 7 帧完成翠花抬头的预备动作。在第 7 帧处，将头部向左下移动 10 像素左右，将身体和四肢一起选中，调整编辑中心点至腹部，然后将选中的身体四肢部分向上拉伸一点（2 ~ 3 像素）。在第 1 至第 7 帧之间创建补间动画，如图 6.21 所示。

Step16 在各层的第 9 帧处插入关键帧，完成翠花抬手的预备动作，将头、身体和四肢向下移动几像素，然后在第 13 帧中，完成抬起一只手的动作。在第 7 至第 13 帧之间创建补间动画，加中间帧调整穿帮画面，使角色动作更流畅。在"手"图层的第 13 帧上，将握拳的手势替换成如图 6.22 所示手势，调整元件角度，使动作更真实。

Step17 在头、身体和各肢体各层的第 24 帧处插入关键帧，开始制作翠花"摊手"动作。在第 24 至第 28 帧继续调整"摊手"动作的预备动作。因为右胳膊的动作幅度较大，动作变换后在衣服上产生的光线效果不同，所以，需要将现有元件进行替换才能完成双手摊开的动作。为新元件新增 3 个图层，分别是"替换右大臂""替换右小臂""替换右手"，在第 29 至第 38 帧完成"摊手"动作，如图 6.23 所示，创建补间动画，加中间帧调整穿帮画面。

图 6.21　动作细节制作

图 6.22　肢体动作动画制作（1）

图 6.23　肢体动作动画制作（2）

Step18 将各层的第1至第41帧框选，整体向右移至第37至第78帧，与声音对位。第1至第36帧空余，这是为分镜一动画留出时间。时间轴效果如图6.24所示。

图6.24 时间轴效果

Step19 至此，分镜二制作完成。按【Ctrl+E】快捷键，返回主场景。新增图层"SC2"，将分镜二拖至该层，按【Enter】键反复测试、修改、完善。

分镜三：

| Sc: | 3 | Bg: | 1 | s: | 2'1" |

摄影技巧：无。

动作要求：男坐着单手摊开表示疑问，然后快速站立，双脚交替踩地跳动、说话。

台词对白：（男）快三是啥呀？嘭恰恰，嘭恰恰啊？

Step20 分镜三中富贵坐姿与分镜一中基本一致，分镜一中的大部分元件都可以沿用，故这个镜头在元件"SC1"中完成制作即可。双击打开元件"SC1"，将分镜一富贵所在图层选中，将这些图层的第1帧按【Alt】键复制到同层的第78帧上。再把分镜一中翠花身体前倾的站姿以相同的方法复制到第78帧上。在各层的第125帧处插入普通帧。第37至第77帧是分镜二动画翠花表演的时间段，如图6.25所示。

图6.25 分镜三动作调整

Step21 富贵的台词是"快三是啥呀?",分别在"男_五官"图层的第78、第80、第82、第84、第86帧处设置关键帧,再用库中男表情中的"嘴2""嘴3""嘴4"元件来替换嘴型,完成富贵说话的效果。然后在第82帧处把该层中的眼睛修改成闭眼,使他完成一次眨眼。在"男_头"图层的第82、第86帧处插入关键帧,同时选中"男_头"图层和"男_五官"图层的第82帧,将舞台中的头及五官选中后,用变形工具,设置头的编辑中心点在嘴下部,顺时针旋转5°左右,使富贵低一下头。在第86帧中用相同的操作,使富贵抬头看向翠花。富贵表情制作如图6.26所示。

图6.26　富贵表情制作

Step22 在"男_身体"图层的第82、第86帧处插入关键帧,完成低头时身体稍微下压,抬头时身体稍微上提的跟随动作。由于动作变化细微,效果图中观看不明显,请读者自行尝试、体会。

Step23 新增"男_左手臂"图层,将库中"男_左胳膊"和"男_摊手"元件拖放至该层的第86帧中。调整该层的图层顺序,把该层放在"男_身体"图层之下。在第86帧中,把"男_身体"图层中的左臂删掉,调整"男_左手臂"图层的两个元件,使之与身体位置相适应,如图6.27所示。

图6.27　富贵动作制作

图 6.28　富贵起身动画

图 6.29　富贵跳舞动作制作

图 6.30　富贵跳舞动作细节调整

Step24 选中"男_五官""男_头""男_身体"图层的第78帧，按住【Alt】键的同时将它们拖曳到第95帧上进行复制。在这3个图层的第96帧处插入空白关键帧。在新增的"速度辅助"图层的第96、第97帧处插入关键帧，这两帧用来放置"男影子1"和"男影子2"，完成富贵快速起身的逐帧动画，如图 6.28 所示。

Step25 在"男_五官""男-头""男_身体"图层的第98帧，按层摆好富贵起身的动作。"男_五官"和"男_头"两层沿用第78帧的内容，将库中"嘭恰恰"元件拖放至"男_身体"图层中，最后使身体各部位协调。由于"嘭恰恰"元件中已给出了富贵跳舞的动作，所以读者只需要将其调用到正在编辑的镜头中即可。"嘭恰恰"中跳舞动作是逐帧动画，读者可以根据第4章所讲解的跑跳动画的制作来完善该动作，如图 6.29 所示。

Step26 接下来，在"男_五官"和"男_头"图层的第98至第125帧之间添加逐帧动画，使富贵的头与"嘭恰恰"动作一起摆动，如图 6.30 所示。

Step27 接下来，完成第 95 至第 105 帧中翠花站直的动作。在翠花各层的第 95 和第 98 帧处插入关键帧。在第 98 帧中将翠花的两只胳膊略张开（旋转 10° 左右），创建补间动画。再在第 96 帧处插入关键帧，然后复制分镜一中翠花各层的第 34 帧至第 105 帧中，这样翠花就站直了，在第 95 至第 105 帧之间创建补间动画，如图 6.31 所示。

Step28 至此，分镜三制作完成，按【Enter】键反复测试、修改、完善。

图 6.31　翠花动作细节调整

分镜四：

| Sc: | 4 | Bg: | 1 | s: | 4'20" |

摄影技巧：无。

动作要求：女嫌弃脸，再微笑说话。

台词对白：什么玩意，快三是游戏，那游戏，哎妈，老有意思了！

Step29 分镜四共 120 帧，与分镜二共用元件，所以在元件 "SC2" 中继续制作。打开元件 "SC2"，将分镜二中翠花的上半身各肢体层中的第 39 帧中的内容复制到第 126 帧上，再将第 126 帧中的翠花头替换成 "SC4- 女嫌弃头"。嫌弃表情及流汗的动画已在第 4 章中讲解，在此不再赘述，下面完成翠花扭头及四肢的动作。在各层的第 134、第 137 帧处插入关键帧，完成翠花叹气动画。在第 137 帧中，将翠花头、身体、四肢略微下移，两只胳膊略张开，将头的编辑中心点定位在嘴下部后，顺时针旋转 5° 左右，在各层创建补间动画，如图 6.32 所示。

图 6.32　翠花表情动画制作

图 6.33　翠花肢体动画制作

Step30 在翠花所在各层的第 142 帧处插入关键帧，在"头"图层，将"SC4- 女嫌弃头"替换回"SC2- 女头"。翠花的动作与分镜二中的表演相似，请读者参照分镜二中的双手的动作完成分镜四的动画，如图 6.33 所示。

Step31 至此，分镜四制作完成，按【Enter】键反复测试、修改、完善。

分镜五：

| Sc: | 5 | Bg: | 1 | s: | 2'04" |

摄影技巧：近景到特写。

动作要求：男眼珠放大，有光闪动，嘴动。

台词对白：那咋回事儿，你快给我仔细说说呗！

Step32 按【Ctrl+F8】快捷键新建元件，命名为"SC5"，在此元件中完成分镜五的制作，如图 6.34 所示。该镜头共 54 帧。

图 6.34　新建元件

Step33 按【Ctrl+L】快捷键打开库，在库中寻找分镜一中富贵坐姿所用的元件，拖放至"SC5"元件中，其中眯眼动作的图层编排和画面效果如图 6.35 所示。

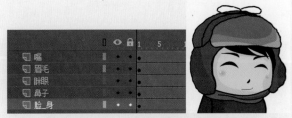

图 6.35　编排图层和画面效果

Step34 新增图层，命名为"声音"。从库中拖出"福彩 .mp3"至舞台。这时声音在"声音"图层中出现，单击时间线上的声音，再打开属性面板，单击"编辑声音封套"按钮，打开"编辑封套"对话框，将声音编辑到分镜五对应的台词中，如图 6.36 所示。这样，在"嘴"图层，听声音对口型，用逐帧动画完成富贵说话效果。

图 6.36　编辑声音

Step35 这句台词较长，我们在第 1 至第 40 帧之间每隔 4 帧插入关键帧，放入不同的嘴型，如图 6.37 所示。

图 6.37　嘴部逐帧动画制作

图 6.38　眼睛绘制

图 6.39　眼睛动画制作

图 6.40　调整分镜五主场景中的富贵

Step36 在"眯眼"图层之上，新增 3 个图层，分别命名为"眼球""左光""右光"。在这 3 个图层的第 5 帧处插入关键帧。在"眼球"图层绘制如图 6.38 左图所示图形。分别在"左光"和"右光"图层绘制两个眼球的高光，如图 6.38 右图所示。

Step37 在"左光"和"右光"图层的第 7 帧处分别插入关键帧，在每层的第 7 帧中将高光顺时针旋转 20°。然后，将这两层的第 5、第 6、第 7 帧全部选中，按住【Alt】键的同时，向第 9、第 13、第 17、第 21 帧复制……到第 50 帧以后。这样，在第 5 至第 7 帧完成了目光闪烁的循环逐帧动画，如图 6.39 所示。

Step38 按【Ctrl+E】快捷键返回主场景，在主时间线上新增图层，命名为"SC5"。在该层的第 220 帧处插入关键帧，把刚制作好的"SC5"元件拖入舞台，调整富贵与舞台的比例关系，使富贵肩部以上部分显示在画面中，在第 275 帧处插入普通帧，如图 6.40 所示。

Step39 在第228帧处插入关键帧，将富贵的脸放大成特写效果，在第220至第228帧之间创建补间动画，如图6.41所示。

图 6.41　分镜五主场景中的放大效果

Step40 在主场景中新增图层"SC5_bg"，放在图层"SC5"下面。在第220帧处插入关键帧，从库中拖出"BG2"元件，按比例缩放使之居于舞台中央，如图6.42所示。

Step41 至此，分镜五制作完成，按【Enter】键反复测试、修改、完善。

图 6.42　设置背景

分镜六：

| Sc: | 6-1 | Bg: | 2 | s: | 1'6" |

摄影技巧：无。

动作要求："好玩"从底部出现，并放大至舞台中央，再配合礼盒的出现向下运动，直至移出舞台。

台词对白：（女）好玩！

| Sc: | 6-2 | Bg: | 2 | s: | 9" |

摄影技巧：无。

动作要求：礼盒从天而降，落地发生挤压——拉伸——复原，复原过程伴随烟雾，烟雾散开后翠花正面出现。

台词对白：（女）还能中大奖！

| Sc: | 6-3 | Bg: | 2 | s: | 4'10" |

摄影技巧：（根据说话的语气）从全景硬切到近景，再硬切到特写。

动作要求：说话、眨眼，说话时手势有变化，单手握拳，然后双手握拳。

台词对白：（女）最重要的是啥呢？支持公益事业。公益、慈善，你懂不？

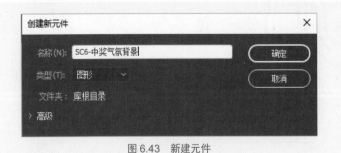

图 6.43 新建元件

Step42 分镜六共 150 帧，涉及的元件较多，需要先绘制元件，再制作动画。首先绘制气氛背景，新建元件，命名为"SC6- 中奖气氛背景"，如图 6.43 所示。

Step 43 进入元件编辑模式，使用矩形工具无边框模式，开始绘制橙色矩形，宽为"1280"，高为"720"。绘制好后，使之居于中央，图层名称改为"背景色"，如图 6.44 所示。

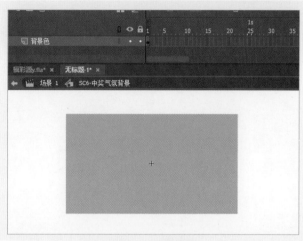

图 6.44　绘制背景

Step 44 新增图层，命名为"星星"。选中多角星形工具，打开属性面板中的"工具设置"，将"样式"设置为"星形"，其他参数如图 6.45 所示。用无边框模式绘制星星，颜色为淡黄色（#FFEDD4），宽、高各为"75"。

图 6.45　绘制背景装饰

Step 45 选中这颗星星，按【Ctrl+G】快捷键，将它组合。然后复制星星，排列成如图 6.46 所示效果。

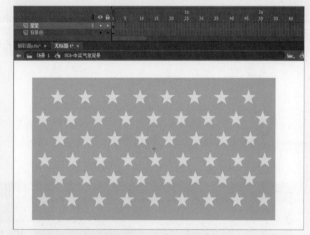

图 6.46　气氛背景效果

Step 46 接下来绘制"好玩"、舞台光束、舞台灯光等道具，依次将它们转换成元件。元件分别命名为"SC6-好玩""SC6-光束""SC6-灯光"，如图 6.47 所示。

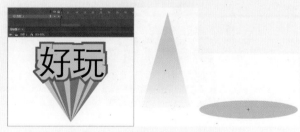

图 6.47　文字和灯光道具绘制

Step47 逐帧绘制烟雾散开的效果，将每帧的雾转换成元件，如图 6.48 所示。

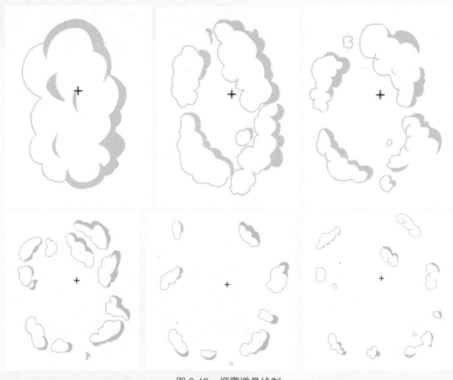

图 6.48　烟雾道具绘制

Step48 新建"礼品盒"元件，绘制礼品盒（详见第 2 章），然后制作礼品盒的动画效果。在该元件的第 1 帧中绘制礼品盒的正常状态，分别在第 5、第 8、第 12 帧处插入关键帧。在第 5 帧中使用选择工具的变形功能，拖曳盒体上的竖直线条，使它产生弧度，绘制出盒体受挤压的状态；在第 8 帧中绘制出礼品盒被拉伸的效果；最后在第 50 帧处插入普通帧。第 5 和第 8 帧效果如图 6.49 所示。

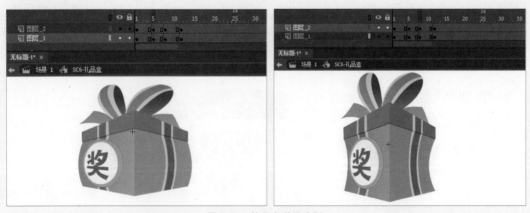

图 6.49　礼品盒道具绘制

Step49 绘制翠花正面全身"SC6-女正全身"元件，使用角色元件嵌套技术完成制作，详见第 2 章中有关角色绘制的讲解。双击翠花正面的头元件"SC6-女正头"，进入元件的编辑模式，在第 115 帧处插入普通帧。在这里需要新建声音图层，导入声音，将声音编辑至该镜头的对白部分，完成听声音对口型的动画制作，如图 6.50 所示。制作好后可将声音图层删除。

Step50 回到"SC6-女正全身"元件中，新建声音图层，导入声音，将声音编辑至该镜头的对白部分，制作翠花的动作。在翠花头部相关、各肢体和身体层的第 8 帧处插入关键帧。在第 8 帧中调整翠花的两个手臂张开，为抬手做准备动作，如图 6.51 所示。在第 1 至第 8 帧之间创建补间动画。

Step51 在"女正右大臂""女正右小臂""右手" 3 个图层的第 9 帧处插入关键帧，在该帧中，将原本 3 个图层中的元件全部删掉，再从库中拖出"SC6-女正右大臂 2""SC6-女正右小臂 2""SC6-女手 4"，替换删掉的手臂，如图 6.52 所示。

图 6.50　翠花嘴部逐帧动画制作

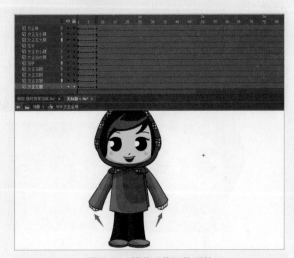

图 6.51　翠花动作细节调整

图 6.52　替换元件准备制作抬手动作

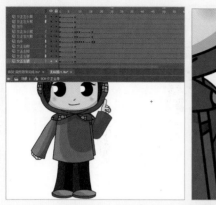

图 6.53 替换手部元件

Step52 在"女正右大臂""女正右小臂""右手"3 个图层的第 16 帧处插入关键帧,调整翠花抬起右手臂的动画,创建补间动画。在"右手"图层的第 17 帧处插入关键帧,用"SC6- 女手 2"元件替换原来的握拳元件,如图 6.53 所示。

图 6.54 翠花身体细节动作制作

Step53 在各层的第 38、第 42 帧处插入关键帧,在第 42 帧中调整翠花握拳、身体前倾的动画。同时选中"女正头"和"女正头巾"图层的第 42 帧,按【Ctrl+T】快捷键,水平和垂直放大 113%,将翠花头与头巾向下移动 5 像素。将"女正身"中的躯干也向下移动 5 像素,如图 6.54 所示。

图 6.55 翠花手臂细节动作制作

Step54 参考第 38 帧中的两只手臂效果,在第 42 帧中调整两只手臂,左手臂抬起一些,右手臂向下一些,如图 6.55 所示。在各层的第 38 至第 42 帧之间创建补间动画。

Step 55 新增图层，命名为"右拳头"，在该层的第 42 帧处插入关键帧，从库中拖出元件"SC6- 女手 6"，缩放调整拳头元件，使之与手臂大小相适应，如图 6.56 所示。同时，在"右手"图层的第 41 帧处插入关键帧，再单击第 42 帧，删除第 42 帧中的手元件。

图 6.56　翠花右手握拳动作制作

Step 56 在该元件中的第 64、第 68 帧处插入关键帧，在第 68 帧中调整翠花左手握拳举起的动画效果，制作过程参看第 51 ～第 55 步。效果如图 6.57 所示。

图 6.57　翠花左手握拳举起动作制作

Step 57 在各层的第 80 帧处插入关键帧，完成翠花说"公益""慈善"时的动作，是与强调的语气相匹配的动作。所以在第 80 帧中，我们用跳帧的方法，让镜头从全景硬切成近景。框选舞台上的翠花全身，按【Ctrl+T】快捷键，选中缩放"约束"复选框后，水平、垂直放大 200%，按【Enter】键确认。这时翠花被放大，调整她在舞台中的位置。在各层的第 96 帧处插入关键帧，框选翠花全身，按【Ctrl+T】快捷键，选中缩放"约束"复选框后，水平、垂直放大 280%。将声音图层删除，效果如图 6.58 所示。

图 6.58　翠花握双手拳动作制作

图 6.59 新建元件

Step 58 新建元件，命名为"SC6"，如图 6.59 所示。

Step 59 进入"SC6"元件编辑模式，新建"SC6-bg"图层，在该层的第 150 帧处插入普通帧。从库中将"SC6- 中奖气氛背景"元件放入该层的第 1 帧中，按【Ctrl+K】快捷键，勾选"与舞台对齐"复选框，单击对齐面板中的"水平居中"和"垂直居中"按钮，使背景居中，如图 6.60 所示。

图 6.60 编排背景图层

图 6.61 编排文字图层

Step 60 新增图层，导入声音，将声音编辑至该镜头的对白部分，完成对应动画的制作。再新增图层，命名为"好玩"，从库中拖出"SC6 好玩"元件，放在背景下端，效果如图 6.61 所示。

Step61 分别在"好玩"图层的第 5、第 10、第 23、第 28 帧处插入关键帧。按【Ctrl+T】快捷键，打开变形面板，选中缩放"约束"复选框。在第 1 帧中，将"SC6 好玩"缩放为 82%；在第 5 帧中，将其缩放为 130%，并将它移到背景中央；在第 10 帧中，将其缩放为 120%；在第 23 帧中，将其缩放为 120%；在第 28 帧中，将其缩放为 128%，并将它移到背景下端；在该层的第 29 帧处插入空白关键帧。在第 1 至第 5、第 5 至第 10、第 23 至第 28 帧之间创建补间动画。效果如图 6.62 所示。

图 6.62　制作文字动画

Step62 新增"礼品盒"图层，在该层的第 24 帧处插入关键帧，从库中拖出"SC6-礼品盒"，放在背景上端（背景以外）；在第 28 帧处插入关键帧，将礼品盒移到背景中间，这时礼品盒呈现落地受挤压的状态（如果礼品盒没变形，需要单击该元件，在属性面板中调整元件内部的时间指针，设置为 5 帧）。在第 24 至第 28 帧之间创建补间动画，效果如图 6.63 所示。

图 6.63　制作礼品盒动画

图 6.64　制作烟雾动画

图 6.65　编排翠花正面图层

图 6.66　编排"光束"和"灯光图层"

Step 63 新增"烟雾"图层，在第 29、第 32、第 35、第 37、第 39、第 41 帧处插入关键帧，将"烟雾 1"至"烟雾 6"依次放入各帧，效果如图 6.64 所示。

Step 64 新增"翠花正面"图层，在该层的第 42 帧处插入关键帧，从库中拖出"SC6- 女正全身"元件，放在背景中央，效果如图 6.65 所示。

Step 65 新增"光束"和"灯光"两个图层，使这两层置于背景层之上，从库中拖出"SC6- 光束"和"SC6- 灯光"元件分别放入各自层，光束居于背景中央，灯光在背景下方，效果如图 6.66 所示。

Step 66 至此，分镜六制作完成，按【Enter】键反复测试、修改后将声音图层删除。

Step67 分镜七至分镜十一中角色动作的动画制作与前面镜头中动作的制作方法相似，由于篇幅原因，这里不再赘述，请读者参照分镜及源文件完成制作。分镜七至分镜十一如下所示。

分镜七：

| Sc: | 7 | Bg: | 1 | s: | 3'15" |

摄影技巧：固定镜头。

动作要求：（女）骄傲地抱臂，身体轻微晃动。

（男）脚向前迈一步，身体向前倾，说话。

台词对白：（女）我考虑你这档次的人儿够呛能懂。（男）那慈善我咋不懂呢？

分镜八：

| Sc: | 8 | Bg: | 1 | s: | 3'04" |

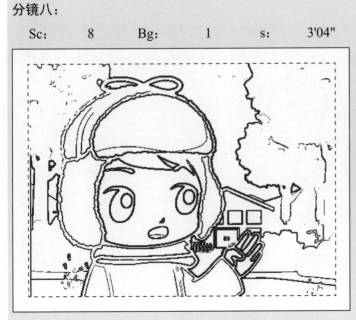

摄影技巧：无。

动作要求：（男）说话、眨眼，一、二、三、四，四个手势变化。

台词对白：（男）不就是帮助孤儿、老人、残疾人、困难的人呗。

分镜九：

Sc:　　9-1　　Bg:　　1　　s:　　3'16"

摄影技巧：无。

动作要求：（女）说话、眨眼、
　　　　　身体前倾，说话时
　　　　　身体有轻微晃动。
　　　　　肢体动作小。

台词对白：（女）行啊，没想
　　　　　到你还有点觉悟。
　　　　　我跟你说呀……

Sc:　　9-2　　Bg:　　1　　s:　　1'1"

摄影技巧：无。

动作要求：（女）说话、身体
　　　　　前倾，上臂动作。
　　　　　（男）跑出场外。
　　　　　（女）转向正面，
　　　　　说话、伸手。

台词对白：（女）这游戏霸道！

分镜十：

Sc: 10 Bg: 1 s: 3'16"

摄影技巧：无。

动作要求：（女）挥手。（男）回头，说话、眨眼，跑出场外。

台词对白：（女）哎，你干啥去啊？（男）去福彩投注站啦，回见吧！

分镜十一：

Sc: 11 Bg: 1 s: 3'15"

摄影技巧：无。

动作要求：（女）说话，上臂动作，跑出场外。（空场景淡出，结束。）

台词对白：（女）这把你急的，你等会我，咱一起买快三！

任务五： 动画后期合成

动画片后期处理主要包括场景合成、镜头衔接、特效合成、字幕合成等。

1）场景合成

按照分镜设计，将制作完成的每个镜头的背景、角色和道具进行合成，使画面效果符合剧情需要，视觉效果好。

2）镜头衔接

对每个镜头进行合理衔接，使得听音对位，避免无效空镜头、空帧的出现。

3）特效合成

为指定镜头添加特效，包括声音特效、视觉特效等。

4）字幕合成

根据客户需求，为动画添加字幕。

在 AN 软件中合成动画时需要注意，在舞台调用元件时，需要设置图形元件的播放属性，即播放一次还是循环播放，还需要为该元件设置播放的起始帧，这是非常必要的。在 AN 中合成所有镜头后即可生成 SWF、MOV 或 AVI 文件。本项目短片的输出效果如图 6.67 所示。

如果每个动画的镜头是一个独立的 AN 文件，建议按分镜时长输出单个镜头动画（MOV 或 AVI 格式），再导入 AE 软件进行合成，这样既方便又不易出现因元件冲突而产生的错误。

图 6.67　短片输出效果

6.4　拓展训练

请读者根据学习内容，完成《打地鼠》幽默短片的制作，制作过程中角色表情与动作要符合运动规律。短片效果如图 6.68 所示。

图 6.68　《打地鼠》短片效果

6.5　本章小结

本章通过制作符合企业规范要求的动画短片，学习设计满足客户要求的动画短片镜头稿，熟悉电视动画短片设计的思想和企业动画制作的工作流程，能按工作过程设计制作动画短片，最终能配合第三方软件对动画短片进行音频剪辑和镜头动画特效制作，以及测试和发布，从而培养胜任动画师职业岗位的能力。

反侵权盗版声明

电子工业出版社依法对本作品享有专有出版权。任何未经权利人书面许可，复制、销售或通过信息网络传播本作品的行为；歪曲、篡改、剽窃本作品的行为，均违反《中华人民共和国著作权法》，其行为人应承担相应的民事责任和行政责任，构成犯罪的，将被依法追究刑事责任。

为了维护市场秩序，保护权利人的合法权益，我社将依法查处和打击侵权盗版的单位和个人。欢迎社会各界人士积极举报侵权盗版行为，本社将奖励举报有功人员，并保证举报人的信息不被泄露。

举报电话：（010）88254396；（010）88258888

传　真：（010）88254397

E-mail：　dbqq@phei.com.cn

通信地址：北京市万寿路173信箱

电子工业出版社总编办公室

邮　编：100036